rosenheimer raritäten

Inhalt

»Es bleibt denn ausgemacht: nichts gleicht dem Jäger-Stande,
An Müh und Lustbarkeit in einem jeden Lande!
Der Rang gebührt demnach der edlen Jägerey.
Zeigt mir sonst eine Lust, die noch erhabner sey?
Ein hoher Wald besiegt die prächtigsten Paläste,
Der Gärten Glanz und Zier, und alle Freuden-Feste.
Nein! Keine Lust der Welt ist also angenehm,
Kein Land zur Jägerey, wie Bayern so bequem:
Man hört, wie Fremde selbst ganz ohne Zwang bekennen,
Das Bayern sey mit Recht Dianens Sitz zu nennen.«

Kurfürstlicher Hofpoet Matthias Etenhueber
** 3. 2.1722 München, † 24. 8. 1782 München*

Die Jagd in vorgeschichtlicher Zeit

»Die Jagd ist so alt wie die Menschheit«, ein Satz, der häufig gebraucht wird, der sich aber bei genauerer Betrachtung als falsch erweist.
Die ersten pithecinen (affenähnlichen) Vorläufer des Menschen, die vor einigen Millionen Jahren als reine Pflanzenfresser lebten, entwikkelten sich nur allmählich zu Jägern.
Man nimmt an, daß es Übergangsstufen gegeben hat, in denen Tierkadaver verwertet wurden, was ja der Schritt zum Allesfresser war. Nur langsam ist wohl über das gelegentliche Erbeuten von Kleintieren eine planvolle Jagd entstanden. Es scheint also, daß die Jagd eine entscheidende Rolle bei der Menschwerdung spielte und daß ihre Verfeinerung als Ausdruck kultureller Entwicklung gelten darf.
Die frühesten Menschen lebten, nach den gegenwärtig bekannten Funden, in Afrika. Erst vor etwa 400 000 Jahren wurden auch Europa und Asien besiedelt.
In Bayern erscheint der Mensch erst in einem ziemlich späten Abschnitt seiner Geschichte, nämlich gegen Ende der vorletzten (Riß-) Eiszeit, soweit man das gegenwärtig durch Ausgrabungen und Funde belegen kann. Dieser Zeitpunkt liegt immerhin fast 200 000 Jahre zurück, und es sind vor allem Faustkeile und Steinspitzen des »klassischen« Neandertalers, die in Höhlen ausgegraben oder als Oberflächenfunde geborgen werden.
Einer dieser Fundorte mit überregionaler Bedeutung ist die Höhlenruine von Hunas bei Hartmannshof (Nördliche Frankenalb). Die Höhle, oder besser gesagt, das, was heute noch von ihr übrig geblieben ist, liegt hoch über ihrer Umgebung in der Dolomitkuppe des Steinberges. Der Höhlenraum selbst wurde wohl schon vor einigen Jahrmillionen durch die auslaugende Wirkung des Karstwassers angelegt, und er hat zweifellos eine wechselvolle Geschichte hinter sich. Während des Mittelpleistozäns, eines mehrere Jahrhunderttausende umfassenden Zeitraumes, der vor ungefähr 120 000 Jahren zu Ende ging, scheint diese Höhle allmählich ihre endgültige Gestalt erlangt zu haben. Zunehmend wurde der entstandene Hohlraum mit Schutt- und Lehmmassen, die von der Oberfläche hier eingespült oder durch Verwitterung des Höhlendaches entstanden, bis unter die Decke aufgefüllt. Erst Steinbrucharbeiten führten zu ihrer Wiederentdeckung.
Bei den ersten Untersuchungen in dem etwa

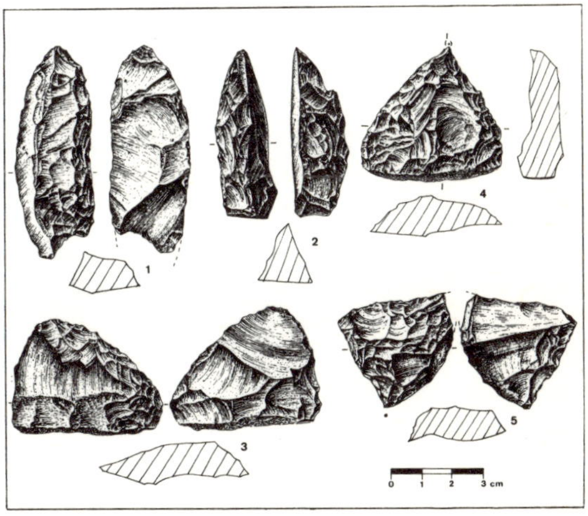

Geschlagene Steinwerkzeuge aus der rißeiszeitlichen Schicht G3 von Hunas (nach G. Freund in Fl. Heller 1983)

zehn Meter mächtigen Teil der insgesamt mindestens 24 Meter mächtigen Höhlenfüllung, konnten 127 verschiedene Tierarten nachgewiesen werden, darunter auch zwei bis dahin noch unbekannte. Aber auch der eiszeitliche Mensch besuchte mehrfach die Höhle und hinterließ dort seine Feuerstellen, von denen kleine Holzkohlenstückchen erhalten blieben, stellte Steinwerkzeuge her und ließ sie dann ebenso zurück wie die Überreste seiner Mahlzeiten, wenn er weiterzog. Diese Werkzeuge stellen heute die ältesten, sicher datierten menschlichen Funde aus Bayern dar und besitzen auch im weiteren mitteleuropäischen Raum bisher keine direkten Parallelen. Diese überregionale Bedeutung verdanken sie neben ihrem hohen Alter vor allem ihrer Einbettung in eine mächtige Schichtenfolge und ihrer Verknüpfung mit den reichen Tierresten und den klimageschichtlich aussagefähigen Höhlenablagerungen. Dank dieser Überreste gelang es, für die ausgehende Riß-Eiszeit, also die Jahrzehntausende bis zum Beginn der letzten Zwischeneiszeit vor ca. 120 000 Jahren, ein Bild der Landschafts- und Vegetationsgeschichte der nördlichen Frankenalb zu erarbeiten, das auch für einen wesentlich größeren Raum Gültigkeit besitzt. Diese Ergebnisse waren um so bedeutender, als es gerade für diesen Zeitraum aus Süddeutschland bisher überhaupt keine, und auch im weiteren Mitteleuropa kaum entsprechende Funde gab. Es zeigte sich, daß die damalige Vegetation einer Parklandschaft mit Kiefern- und Fichtengehölzen, aber nur wenigen Laubbäumen entsprach. Zeitweilig waren aber die klimatischen Verhältnisse so ungünstig, daß nur noch eine offene Steppe gedeihen konnte.

Die Neandertaler waren die erste Menschenform, die man als »Eiszeitliche Jäger« bezeichnen kann. Zwar fällt die gesamte menschliche Vorgeschichte in das Eiszeitalter (Pleistozän); die Menschen vor dem Neandertaler lebten jedoch südlich der eurasischen Hochgebirge in Gebieten, in denen sich die eiszeitlichen Klimaverschlechterungen kaum auswirkten und besiedelten den Raum nördlich der Pyrenäen, Alpen und des Kaukasus nur in den ausgedehnten Warmzeiten zwischen den einzelnen Kaltphasen. Aufgrund einer besseren Umweltbeherrschung war der Neandertaler in der Lage, auch während der Kaltzeiten in West-, Mittel- und Osteuropa zu bleiben. So ist er der erste Jäger von Mammut, Wollnashorn und Ren – also Tieren der eiszeitlichen Steppe.

Die Funde von Hinterlassenschaften der eiszeitlichen Jäger in Bayern stellen natürlich nur winzige Bruchstücke dar, die sich erst in der Gesamtschau auf Europa und dessen prähistorische Zonenteilung zu einem Bild runden.

Obwohl der Mensch es sicher schon sehr früh verstand, neben Knochen auch vergängliche Materialien wie Holz oder Sehnen für die Herstellung seiner Waffen und Geräte zu verwenden, läßt sich am aufgefundenen Steinwerkzeug die Kulturstufe und damit Zeitstellung erkennen. Nach den erhalten gebliebenen Relikten aus dem Hauptwerkstoff Stein nennt man die früheste Epoche menschlicher Kulturentwicklung »Steinzeit«. Sie wird in drei große Abschnitte unterteilt: Die Altsteinzeit (in Bayern etwa 100 000 – 8 000 v. Chr.), während der die Menschen als Jäger und Sammler unter den äußerst schwierigen Bedingungen der Kältephasen der Würm-Eiszeit ihren Lebensunterhalt gewinnen mußten. Die Mittlere Steinzeit (ca. 8 000 – 5 000/4 000 v. Chr.) beginnt mit dem Ende der letzten Eiszeit und ist immer noch durch eine Bevölkerung auf der Wildbeuterstufe charakterisiert. Die Jungsteinzeit (in Bayern ab etwa 5 000/4 000 v. Chr.) unterscheidet sich durch ihre Wirtschaftsform grundsätzlich von den beiden vorangegangenen Abschnitten. Ihre Kennzeichen sind Seßhaftigkeit der Bevölkerung, Ackerbau und Viehhaltung.

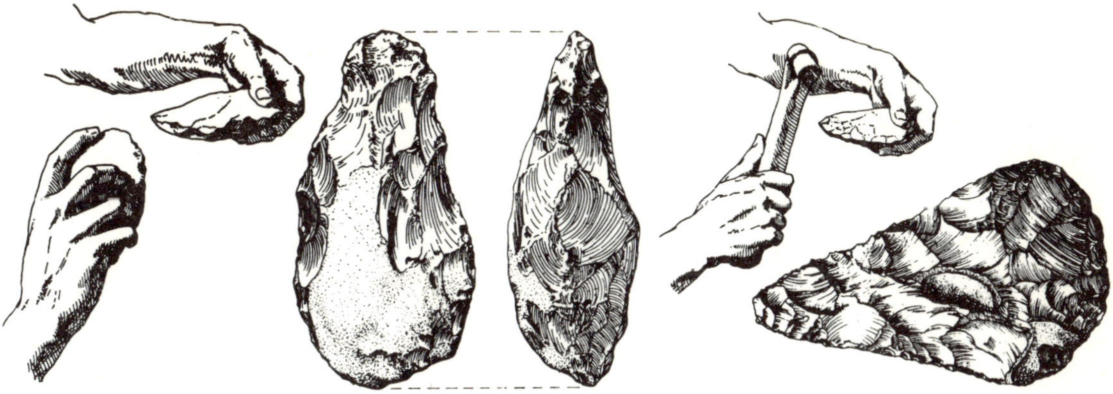

Herstellung eines Faustkeiles. Links: Grob zugerichtetes Werkzeug unter Zuhilfenahme eines Schlagsteines. Rechts: Fein retuschierte Arbeitskante, bei der die gleichmäßigen Abschläge mit einem Knochen oder Holz gemacht werden. (Aus: »Die Welt aus der wir kommen«, Knaur)

Altsteinzeit – vom Neandertaler zum Homo sapiens sapiens

Am Anfang dieser Epoche, die in Bayern von ca. 100 000 bis 8 000 v. Chr. reicht, war der Faustkeil das gebräuchlichste Werkzeug. Mit diesem Universalinstrument, das durch Abschlagen kleiner Absplisse aus einem Kernstück herausgearbeitet wurde, konnte man stechen, schneiden, schaben und bohren. Der Faustkeil von Pösing, im oberpfälzischen Landkreis Cham, ist eines der ältesten bekannten Artefakte aus Bayern. Sein mutmaßliches Alter schätzt man auf 150 000 Jahre. Er vertritt das Achenléen, die älteste in Bayern nachweisbare Formengruppe. Die wichtigsten dieser Formengruppenbezeichnungen leiten sich übrigens von französischen Fundorten ab. So auch das *Achenléen*, eine nach einem Fundplatz bei St. *Acheul* in der Nähe von Amiens benannte »Steinindustrie« des Altpaläolithikums mit beiderseitig feinbehauenen Faustkeilen als Leitform. Hersteller dieses Faustkeiles war mit Sicherheit der Neandertaler (Homo sapiens neanderthalensis). Er besaß starke Überaugenwulste, eine fliehende Stirn und ein spitzes Hinterhaupt. Am Unterkiefer fehlte der Kinnvorsprung. Gerade davon glaubten Forscher früherer Generationen die »Sprachlosigkeit« des Neandertalers ableiten zu können. Heute weiß man, daß man sich diese Menschenrasse, die aus noch ungeklärten Gründen zwischen 40 000 und 35 000 ausstarb und vom Cro-Magnon-Mensch abgelöst wurde, nicht zu primitiv vorstellen darf. Seine Gehirngröße über-

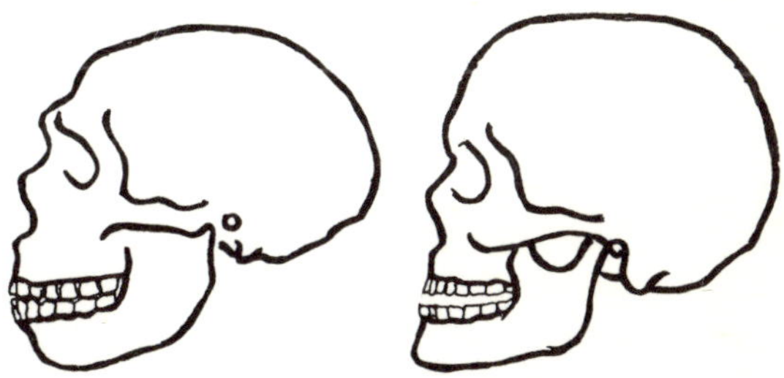

Schädel des Neandertalers und des Cro-Magnon-Menschen im Profil. Der Neandertaler, mit fliehender Stirn, starken Überaugenwülsten und spitzem Hinterhaupt wurde vor etwa 35 000 Jahren vom Cro-Magnon-Menschen, einer anatomisch modernen Menschenform abgelöst.

traf sogar die des Cro-Magnon-Menschen, von dem ja alle heute auf der Erde lebenden Menschenrassen abstammen. Auch die geistigen Vorstellungen des Neandertalers dürften bereits sehr differenziert gewesen sein, kennen wir doch von ihm die ersten eindeutig bestatteten Toten, die teilweise sogar in kleinen Friedhöfen zusammen gefunden wurden, den ersten Gebrauch von Farbstoffen und die Verwendung von abstrakten Zeichen. Diese Wiederholung von Symbolen zeigt an, daß abstrakte Inhalte nicht nur sprachlich, sondern bereits auch graphisch vermittelt werden konnten.

Man kann aber auch annehmen, daß der Neandertaler bereits eine zweck- und zielbewußte Jagd – also auf ganz bestimmte Wildarten auszuüben verstand. Einmalig ist der Fund einer 2,5 m langen Eibenholzlanze, die man zwischen den Rippen eines Waldelefanten fand. Dieser Fund aus Lehringen in Niedersachsen belegt, daß die Großwildjagd mit sorgfältig zugearbeiteter, im Feuer gehärteter Spitze durchgeführt wurde. Leider fehlen in Bayern noch derartige Belege, zahlreiche Werkzeug- und Knochenfunde der erbeuteten Tiere geben aber dem Wissenschaftler die Möglichkeit, Rückschlüsse auch auf diese Jagdtechniken im bayerischen Raum vorzunehmen.

Erstmals kommen in dieser Zeit Waffenspitzen aus Stein vor. Es sind zwischen vier und acht Zentimeter lange, aus einem harten, gut spaltbaren Gestein – häufig Feuerstein (Flint) – gearbeitete Formen, bei denen die Spitzenpartie besonders gewissenhaft zugearbeitet ist. Diese Spitzen dienten vermutlich zur Bewehrung hölzerner Lanzenschäfte. Manche der steinernen Spitzen haben am unteren Ende eine stielartige Einziehung beider Kanten. Die Schäftungsart der Steinspitzen ist bisher nicht durch Funde belegt worden. Vermutlich wurden sie in das gespaltene Ende eines hölzernen Schaftes eingesetzt, mit Harz festgeklebt und zur Befestigung mit Riemen, Sehnen oder Bast gebunden. Die Lanzen – mit und ohne Steinspitzen – waren sowohl Stoß- als auch Wurfwaffen.

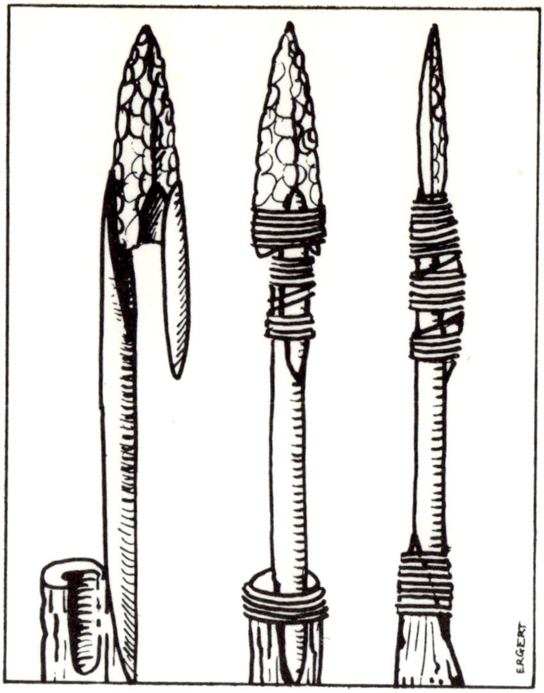

Rekonstruktionsversuch von geschäfteten Steinspitzen. Zeichnung: Bernd E. Ergert

Aus den meisten zufälligen altsteinzeitlichen Fundstellen in Bayern ergibt sich eine Feststellung von Gewicht: Die Funde häufen sich in den Flußtälern des heutigen mittleren nördlichen Bayern, zwischen Main und Donau, also in Gebieten, in denen das Wild geeigneten Lebensraum fand. Hier konnte ihm der altsteinzeitliche Jäger vor allem an den Wechseln und an der Tränke auflauern.

Die Landschaft während der letzten Kaltzeit hatte sicher große Ähnlichkeit mit der Tundra des Nordens. Da die Jahresdurchschnittstemperatur unter 0° C, das heißt also mindestens 10°C niedriger lag als heute, blieb der Boden bis in

große Tiefen gefroren. Auf diesem Dauerfrostboden, der höchstens in den Sommermonaten oberflächlich auftaute, konnte sich kein großräumiger Wald entwickeln. An besonders idealen Standorten bestand er höchstens aus Kiefern und Birken.
Während dieser Kaltzeiten wanderten aus den nordischen Bereichen Tiere ein, die derartigen Klimaverhältnissen angepaßt waren. Für sie alle war diese Tundren- und Steppenlandschaft keineswegs karg. Sie bot vielmehr wegen ihres Reichtums an Kräutern ausreichend Nahrung für zahlreiche große Pflanzenfresser wie Mammut, Wollnashorn, Bison und Riesenhirsch, dazu eine Reihe von Raubtieren wie Höhlenlöwe und Hyäne. Ein Großwild dieser Epoche ist der Höhlenbär. Mitunter wurden riesige Knochenmengen in Höhlen des Mittel- und Hochgebirges gefunden und gaben immer wieder Stoff für kühne Thesen. In der Zoolithenhöhle von Burggeilenreuth in Oberfranken wurden bereits im 18. Jahrhundert Bärenknochen gesammelt und auf die Museen der ganzen Welt verteilt. Ein 1971 entdeckter weiterer Höhlenteil hat wiederum ein ungeheures Knochenmaterial der Bären geliefert. Die Knochen stammen größtenteils von natürlich verendeten Tieren, die während ihres Winterschlafes eingegangen sind. Häufig wurden jedoch in diesen Höhlenbärenlagern auch Steinwerkzeuge und -waffen gefunden. In vielen Höhlen des fränkischen Jura entdeckte man daneben auch die aufgeschlagenen Röhrenknochen dieses urtümlichen wehrhaften Wildes. Nicht nur Fleisch und Fell, Sehnen und Fett konnten die steinzeitlichen Jäger also verwenden, auch das in den Knochen eingeschlossene Knochenmark war ein wichtiges Nahrungsmittel.
Das ideale Jagdgebiet, der eisfreie Korridor zwischen nordischem und alpinem Eis, an dem sich die altsteinzeitlichen Fundplätze häufen, erstreckt sich entlang der Donaulinie. Hier boten sich auch viele Höhlen und Felsdächer als Wohnung und Rastplatz an. Trotzdem müssen wir mit einem sehr unsteten Leben der eiszeitlichen Jäger rechnen, da die Wanderungen der Tierherden durch die jahreszeitlich bedingte Verfügbarkeit der Pflanzen gesteuert wurde. In gewissen Abständen wiederholten sich die Bewegungen der Tiere, und auch der Mensch kehrte häufig an dieselben Plätze zurück. Dabei scheint eine gewisse Auswahl getroffen worden zu sein. Im Freien besiedelte man gerne einen spornartigen Geländerücken, der durch die Einmündung eines Seitentales in ein Haupttal gebildet wurde. So hatte man einen guten Überblick über die Umgebung und lagerte zugleich angenehm trocken.
Bis zum Jahre 1961 kannte man in Bayern aus dem Paläolithikum (Altsteinzeit) zwar eine große Anzahl von Wohnplätzen in den Höhlen Nordbayerns bis hin zur Donau, dazu auch Einzelfunde aus freiem Gelände, eine Freilandstation konnte aber noch nicht nachgewiesen werden. So kam es einer kleinen Sensation gleich, als in jenem Jahr auf dem Speckberg bei Nassenfels im Landkreis Eichstätt eine echte Freilandstation des Paläolithikums festgestellt wurde. O. Böhme, ein Oberlehrer, fand auf einer von Norden in das Tal der Schutter vorspringenden Plateaunase aus Jurakalkstein einen kleinen Faustkeil, der rund 80 000 bis 100 000 Jahre alt sein dürfte. Die im Auftrag der prähistorischen Staatssammlung von H. Müller-Beck in den Jahren 1964 – 1968 ausgeführte Ausgrabung ergab, daß sich auf dieser Geländenase auf einer Fläche von rund tausend Quadratmetern mehrfach und jeweils über einen längeren Zeitraum hinweg Jäger der Altsteinzeit aufgehalten haben. Der Platz war mit seiner weitreichenden Sicht wie geschaffen zur Beobachtung des Wildes, doch kann man die Speckbergstation nicht nur als Art Jagdhochsitz des Paläolithikums deuten. Die riesige Fundmenge

von etwa 30 000 Geräten aus Hornstein und von rund 300 000 Abfallstücken aus diesem Material macht deutlich, daß hier Jägergruppen über längere Zeit lagerten und ihren Aufenthalt zum Herrichten von Waffen und Gerät nutzten. Das Rohmaterial stand ihnen dort in so reichlichem Maße zur Verfügung, daß sie mit dem Silex nicht sparsam umgehen mußten. Die Behausungen selbst, die, damals der Entwicklung des Menschen entsprechend, wohl nur aus Windschirmen oder Zelten – aus Prügeln und Tierfellen – bestanden haben werden, verschwanden und konnten nicht nachgewiesen werden. Überhaupt ist es auf Freilandfundplätzen dieser frühen Epoche schwer, organische Materialien wie Faunenreste, Holz oder auch durch diese hervorgerufenen Bodenverfärbungen festzustellen. Durch Veränderungen und Bewegungen der Böden während der Eiszeit haben sie sich nur selten erhalten. Besser sieht es für den Archäologen in den Höhlen aus. So hat sich in den Weinberghöhlen in Mauern, Kreis Neuburg an der Donau, neben den altsteinzeitlichen Feuerstellen und den Steinwerkzeugen auch ein Teil der Diluvialfauna erhalten. Diese Höhlen – sie bestehen aus einem System von vier nebeneinanderliegenden, miteinander verbundenen Höhlen – liegen im Wellheimer Trockental, durch das wohl bis zur Riß-/Würm-Interglazial die Urdonau floß. Sie zählen zu den bedeutendsten Fundorten der Altsteinzeit. Vor allem die Blattspitzen, lorbeerblattförmige Silexspitzen mit überaus sorgsamer Oberflächenbearbeitung, kamen hier in großer Zahl zum Vorschein. Sie stellten mit Sicherheit Waffenspitzen dar, die man nicht zu Unrecht als den Höhepunkt der paläolithischen Silexbearbeitungstechnik bezeichnet hat.

Auf den Neandertaler folgte der eiszeitliche Homo sapiens sapiens, der sich im Körperbau und Aussehen nicht vom heutigen Menschen unterschied. Wie die Ablösung des Neandertalers durch diese neue Menschenrasse, die im zweiten Teil der letzten Eiszeit (Würmeiszeit) lebte, erfolgte, konnte noch nicht genügend geklärt werden. Früher sahen die Forscher einen dramatischen Kampf zwischen den beiden Gruppen. Heute neigt man zu der Auffassung, daß der Neandertaler bereits ausgestorben war, als der Cro-Magnon-Mensch (auch nach den Skelettresten benannt, die man im Felsschutzdach Cro Magnon bei Les Eyzies in der Dordogne ausgegraben hat) gleichsam in das menschenleere Gebiet Mitteleuropas vordrang.

Diese Menschenrasse wird auch im bayerischen Raum zum Träger des Anrignacien, Gravettien und Magdalenien, den Kulturstufen, in denen in Spanien und Frankreich die großartigen Kunstwerke der Steinzeit – wie zum Beispiel die Höhlenmalereien – entstanden.

Vermutlich sind aber solche Bildhöhlen, Heiligtümer, die vermutlich einem Jagdkult dienten, im rauhen Klima Mitteleuropas nur nicht erhalten geblieben. Die Kleinkunst, die auf

Mammutgravierung auf Elfenbeinplatte Obere Klause. Abb. aus: »Die Kunst der Altsteinzeit im unteren Altmühltal«

bayerischem Boden aus dieser Epoche ausgegraben wurde, zeigt nämlich, daß hier durchaus vergleichbare Kunstwerke hergestellt werden konnten. Alle paläolithische Kunst gehört letztlich in den Bereich der Magie, auch die realistischen Darstellungen der Tierwelt. Auf einer Elfenbeinplatte aus der Oberen Klause bei Essing, Landkreis Kelheim, ist ein Mammut in all seiner plumpen Haarigkeit mit Rüssel und Stoßzähnen meisterlich mit wenigen Ritzstrichen getroffen. Ähnlich läßt ein elegant umrissener Wildpferdkopf mit schlankem Bein auf einer Kalksteinplatte aus der Mittleren Klause noch immer wieder die Wildheit des Vorbilds spüren. In den Klausenhöhlen, heute am Ufer des Europa-Kanals gelegen, wurde bereits 1883 gegraben, doch die vorgeschichtliche Forschung begann an dem einmaligen Berg mit den Vier-Stockwerke-Höhlen erst 1912. H. Obermaier, der auch französische Archäologen zu den Grabungen in das romantische Essing geholt hatte, leitete die Arbeiten. Der beliebte Angler- und Ferienort an der Altmühl mit der mittelalterlichen Holzbrücke, den Felsendächern, gekrönt von der Burg Randeck, stand plötzlich im Mittelpunkt der Vorgeschichtsforschung. Täglich berichteten die Helfer der Ausgräber während der ein Jahr dauernden Ausgrabungen von

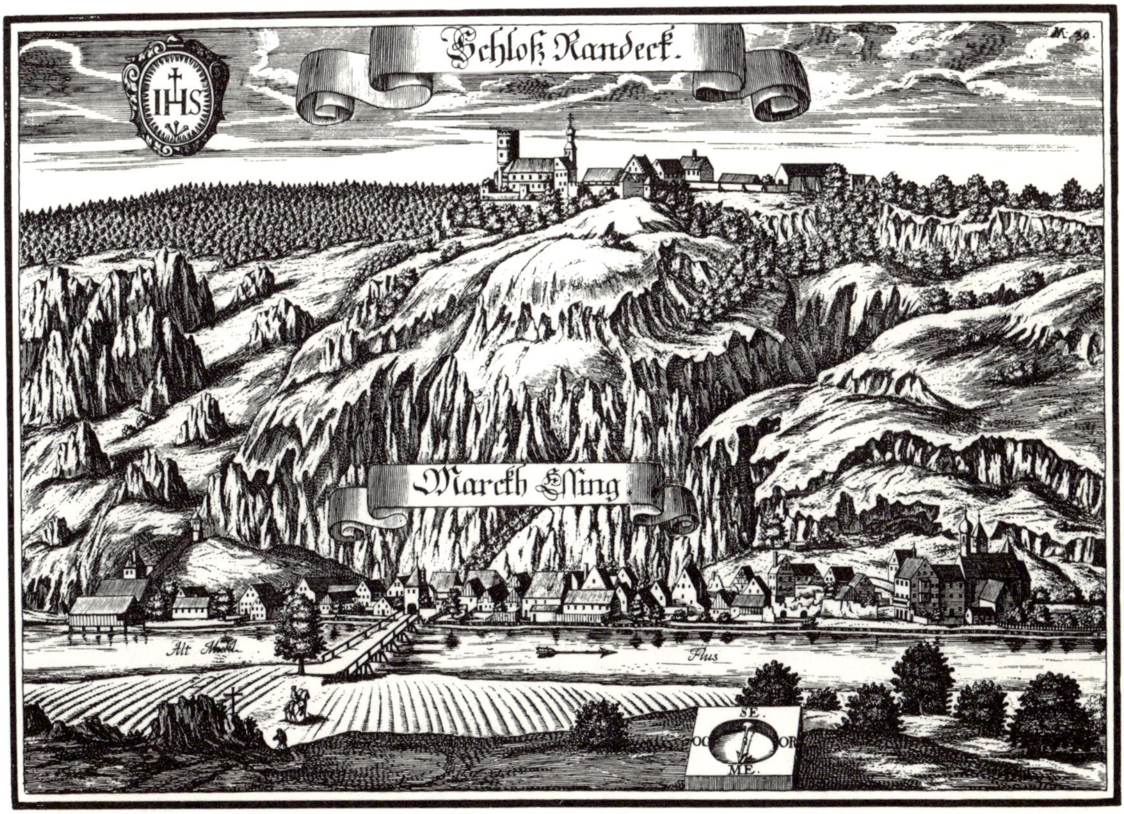

Essing, Kupferstich von Michael Wening, 1701

unzähligen Waffen und Werkzeugen aus Stein oder Knochen, die alle fein säuberlich ausgegraben und dann registriert und sortiert in die Staatssammlung nach München kamen. Die Essinger hatten dagegen nichts einzuwenden. Anders war es aber mit dem wichtigsten und wertvollsten Fund der Grabung 1912 – 13! In zwei Stücke zerbrochen, lag in einer Nische der Mittleren Klause ein sogenannter Loch- oder Kommandostab aus Geweih, der ein merkwürdiges Tier-Mensch-Bild trägt. Man kannte diese Stäbe von den Ausgrabungen in Frankreich, für Bayern jedoch war der Fund einmalig! Der Lochstab ist die Geweihstange eines Rens, die bei einer Gabelung abgeschnitten und an der dicksten Stelle mit einem Loch durchbohrt wurde. Anfänglich wurden diese Geräte häufig mit Pferde-Fisch- oder Hirsch-Fisch-Themen geschmückt – als »Kommandostäbe« also Würdezeichen bezeichnet und gedeutet. Vergleiche mit Indianer- und Eskimokulturen erhärten aber die Theorie der modernen Forschung, die in dem Gerät einen Hebel zum Geradebiegen vorher erhitzter Schäfte von Speeren und Pfeilen aus gekrümmten Geweihstangen sieht.
Dieser Lochstab aus der Klause, der damals häufig auch als Zauberstab gedeutet wurde, sorgte, nachdem er mit all den anderen Funden nach München kam, bei den Essingern noch lange für Gesprächsstoff. Noch heute sähen viele von ihnen lieber, wenn das 42 cm lange Geweihstück, das im Flachrelief Stirn, Nasenrücken und Nüstern eines nicht sicher zu bestimmenden Tieres (vermutlich Ren) zeigt, nicht in der Prähistorischen Staatssammlung, sondern im neu errichteten Kelheimer Museum aufbewahrt würde. Gefeiert wurde der Fund aber damals ausgiebig mit Bier, das ebenfalls aus den Klausenhöhlen kam. Die unterste Höhle hatte der Bräu von Essing nämlich seit 1860 in einen kühlen Bierkeller verwandelt, und um die Feier abzurunden, ging man auf die Kegelbahn in der Klausennische. Hausten an dieser Stelle einst die Jäger der Altsteinzeit, wo sie ihre sorgfältig hergestellten Faustkeile und Blattspitzen aus Plattenhornstein und Jaspis hinterlassen hatten, so feierten ihre Nachfahren die »Entdeckung der Wiege« der ersten Bayern, die man damals gefunden zu haben glaubte.

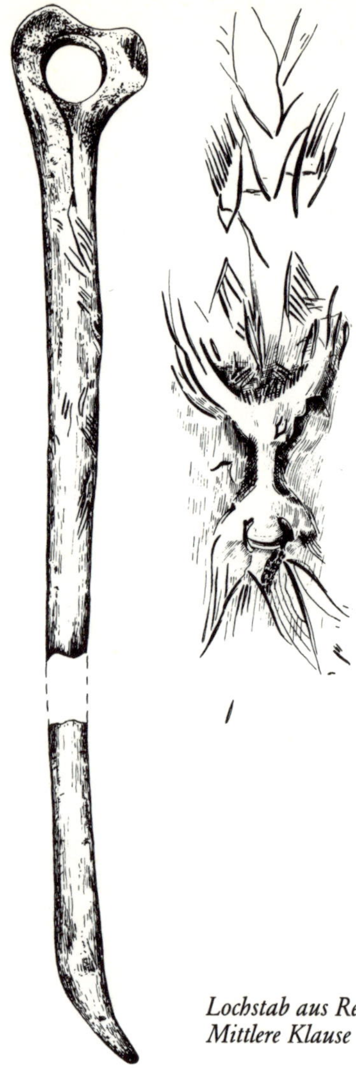

Lochstab aus Rengeweih, Mittlere Klause

Die Betrachtung der drei Tierdarstellungen aus den Klausen haben uns schon in die Spätphase der eiszeitlichen Jagd geführt (18 000 – 10 000 v. Chr.). In dieser Periode waren die Großsäuger – Mammut und wollhaariges Nashorn – im bayerischen Raum bereits selten. Schädel- und Skelettfunde aus dieser Zeit legen aber immer wieder die Vermutung nahe, daß ein magischer Ritus um die Jagd, die ja immer noch Lebensgrundlage des Menschen war, ausgeübt wurde. So fand man in den bereits oben erwähnten Weinberghöhlen am östlichen Eingang zur Mittelhöhle den vollständigen Schädel eines jungen Mammuts. Die Stoßzähne waren teilweise abgebrochen und lagen dicht davor. Unmittelbar daneben fanden sich mehrere Teile von Mammutwirbelsäulen sowie zwei Mammutschulterblätter, zahlreiche Rippen und Knochen der vorderen Extremitäten, dann noch vierzehn durchlochte Elfenbeinanhänger verschiedener Form und Größe. Die Stelle, an der sich auch durchbohrte Zähne von Eisfuchs, Wolf, Bär und Ren fanden, war von Rötel stark gefärbt und enthielt viele Holzkohlenreste, was den Ausgräber an eine »kultische Bedeutung« der Anlage denken ließ. Ebenfalls mit diesem Fund steht eine etwas später in der Nähe durchgeführte Grabung in Verbindung. Gleichfalls am Osteingang dieser Höhle fand man nämlich das Skelett eines etwa zehnjährigen Mammuts, bei dem die beiden Stoßzähne noch am gut erhaltenen Schädel saßen; die Wirbel und Rippen fanden sich in anatomisch richtiger Lage. Das Skelett ruhte auf einer mehrere Zentimeter dicken Lage aus roter Erde und war bedeckt mit »vielen durchlochten Elfenbeinperlen und massenhaft gut gearbeiteten Silexartefakten. Die Perlen und Steinwerkzeuge waren rot gefärbt« (Müller-Karpe, »Handbuch der Vorgeschichte«).
Die großen Mengen erlegten Wildes, vor allem beim Mammut, haben den Schluß nahegelegt, daß der vorgeschichtliche Jäger die Schuld am Aussterben dieser Großsäuger trägt. Es scheint aber, daß die Klimawechsel mit der damit verbundenen Änderung der Planzenwelt den Tieren die Lebensgrundlage genommen haben. Das Rentier, das im ganzen Jungpaläolithikum – das man auch gerne als höhere Jägerkultur bezeichnet – bejagt wurde, bekam zum Ende dieser Epoche eine besondere Bedeutung und wurde zur Lebensgrundlage des Jägers.
Die Felle wurden zur Kleidung und zu Zelten verarbeitet, und aus dem Geweih stellte man Harpunen her, deren Durchschlagskraft durch die Verwendung von Speerschleudern – wie sie noch bis in unser Jahrhundert bei den Eskimos Verwendung fanden – erhöht wurde.
Neben einer Verfeinerung der Jagdwaffe entsteht gegen Ende der Eiszeit eine ausgeprägte künstlerische Betätigung, die einem geheimnis-

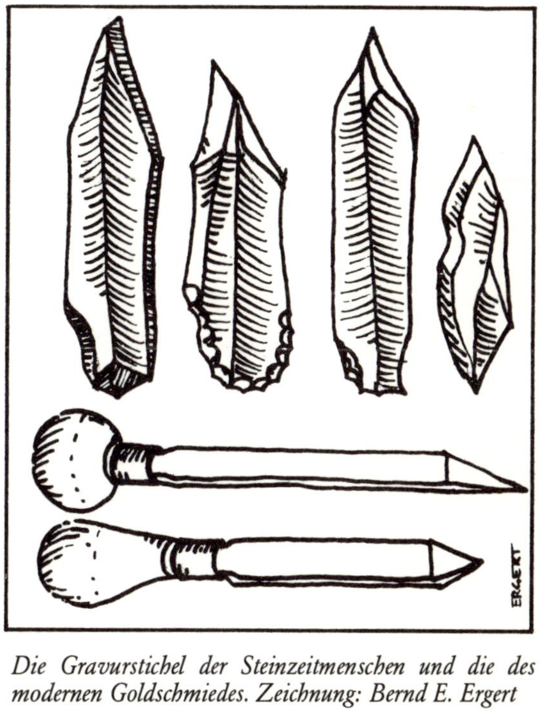

Die Gravurstichel der Steinzeitmenschen und die des modernen Goldschmiedes. Zeichnung: Bernd E. Ergert

vollen Jagd- und Fruchtbarkeitszauber dient. Die Kleinkunst in Form von Knochen- oder Elfenbeinschmuck deutet darauf hin. Wie schwer die Deutung der geistigen Vorstellungswelt anhand dieser Kunstwerke ist, zeigt 1912 eine nur in Bruchstücken gefundene Kalksteinplatte aus dem »Hohlenstein«, einer kleinen Höhle in der Nähe von Ederheim (Nördlingen). Unter dem Gewirr zahlloser dünner Linien sind die stark stilisierten Figuren von sechs Frauen zu erkennen. Der Stein wurde offenbar mehrfach als Zeichengrund verwendet. Von einer eindeutig älteren Zeichnungsschicht stammt ein Pferdekopf, dem unter weitgehender Verwendung der Stilkontur und wohl auch des Auges ein zweiter, wesentlich kleinerer Wildpferdkopf eingeschrieben ist. In der gleichen naturalistischen Darstellungsweise sind im unteren Teil der Platte einige Pferdebeine wiedergegeben.

Unverkennbar ist die Ähnlichkeit mit der Pferdedarstellung aus der mittleren Klause in Essing. Auch hier scheint die Beschädigung der Platte auf eine Absicht zurückzugehen, der eine rituelle Handlung zugrundeliegt. Vielleicht

Pferdegravierung auf Kalksteinplatte Mittlere Klause

diente sie einem Fruchtbarkeitskult, der vermutlich nicht nur die eigene Gattung einschloß: Nur eine starke, gesunde Horde hatte Aussicht zu überleben, und eng damit verbunden war die üppige Entwicklung von Fauna und Flora, die ja die Lebensgrundlage darstellte.

Mittelsteinzeit – Hirschgrandln als Schmuck und Amulett

Der Übergang von der Altsteinzeit zur Mittelsteinzeit wird mit dem gegen 8 000 v. Chr. erfolgenden Wechsel von der letzten Kältephase – der Würmeiszeit – zur Nacheiszeit definiert. Dieser Übergang vollzog sich beim Klima ebenso fließend wie bei der Vegetation, dem Tierbestand und schließlich auch bei den steinzeitlichen Kulturen. Gerade das Verschwinden des Rentieres – es war ja gegen Ende der altsteinzeitlichen Phase Hauptjagdwild – und die beginnende Vorherrschaft des Hirsches in der mittelsteinzeitlichen Phase, wird als Grenzkriterium herangezogen. In der Regel ist das Mesolithikum (Mittelsteinzeit) in Bayern durch sehr kleinformatige Geräte aus pastellfarbenen Silex gekennzeichnet. Leider sind bis heute Verwendungszweck und Handhabung der meisten Artefakte unbekannt. Geht man aber davon aus, daß die Zurichtung der Geräte nach funktionellen Gesichtspunkten erfolgte und die Jagd in dieser Epoche noch Hauptnahrungserwerb war, erscheint die Theorie glaubhaft, daß diese Mikrolithen als rasch ersetzbare Zähne von Schneiden, als Widerhaken von Speeren, Pfeilen und Harpunen dienten.

Während die Paläolithikum-Forschung in Bayern in den letzten zwanzig Jahren beträchtliche Fortschritte machte, gilt dies nicht in gleicher Weise für das Mesolithikum (8 000 – 4 000 v. Chr.). Dieses Zeitalter zählte schon

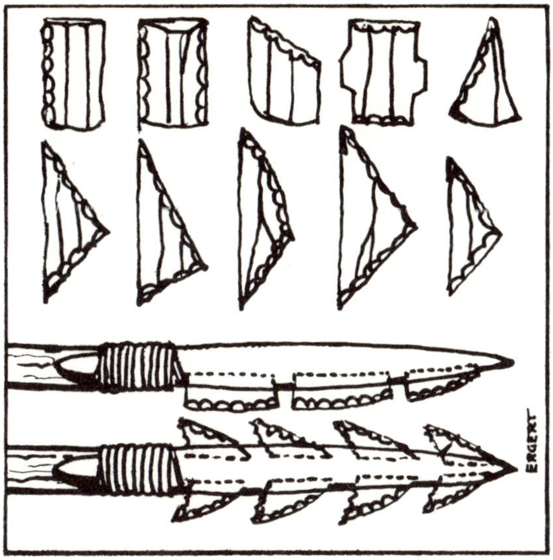

Rekonstruktionsversuch von geschäfteten Mikrolithen. Zeichnung: Bernd E. Ergert

immer zu den am wenigsten erforschten Epochen der Vorgeschichte. Die wichtigste Entdekkung für das Mesolithikum in Bayern stellt die Freilegung von Wohnstätten bei Sarching östlich von Regensburg dar. Hier wurden auf einer alten Sanddüne sechs Wohnanlagen freigelegt. Sie gaben sich als gerundete, dunkle Verfärbungen von vier Metern Durchmesser im hellen Sandboden zu erkennen – die seinerzeitigen Verschmutzungen des Untergrundes innerhalb der Zelte oder Hütten. Über die eigentliche Konstruktion dieser Bauten ist kaum etwas bekannt.

Jene mesolithischen Zeltanlagen bei Sarching haben aber nicht gleichzeitig nebeneinander bestanden. Sie wurden vielmehr mit großen Zeitabständen nacheinander an diesem, für die Jäger und Fischer jener Tage immer wieder günstig gelegenen Platz errichtet. Somit stellt Sarching eine Parallele zum eiszeitlichen Jägerplatz am Speckberg dar. Wie die Jäger der Altsteinzeit, so haben auch deren Nachfahren bei Sarching Tausende von Jahren später viel Zeit auf die Herstellung der benötigten Feuersteingeräte verwandt, wie zahlreiche Hornsteinfunde innerhalb der Zelthüttenböden bezeugen. Natürlich waren es nunmehr völlig andere Jagdtiere, denen sie nachstellten. Mit fortschreitender Erwärmung in Richtung auf das heutige Klima wurde die Tundra langsam von einer Birkenkiefernvegetation abgelöst, in der vor allem Hirsch und Wildschwein als Jagdwild vorkamen.

Daß die bräunlich schimmernden Eckzähne oder Haken des Hirsches – einst »Gränlein« oder in Bayern »Grandln« genannt –, die man

Hirschkuhschädel mit dem Grandl im Oberkiefer. Zeichnung: Bernd E. Ergert

heute in Edelmetall gefaßt beim Juwelier kaufen kann, auch schon in der Steinzeit als Schmuck beliebt waren, zeigt eine Reihe von Ausgrabungen. Besonders eindrucksvoll sind die Funde aus der Ofnethöhle bei Nördlingen. Fast 300 gelochte Hirschgrandln lagen um die Schädel von neun Frauen, die in Ocker und Asche beigesetzt waren.

Vermutlich wurden bei den Bestattungsfeierlichkeiten in der Mittelsteinzeit (ca. 8 000 v. Chr.) die Köpfe der Toten abgetrennt, die Körper draußen vor der Höhle verbrannt und nur die Häupter im Inneren beigesetzt. Insgesamt fanden sich zwanzig Kinderschädel, neun Frauenschädel und vier Männerschädel in den Grabmulden. Die Tatsache, daß man nur bei

Schädelnester aus der Ofnet-Höhle bei Nördlingen (nach R. R. Schmidt). die den Schädeln beigegebenen Schnecken stammen z. T. von Steinheim bei Memmingen und z. T. von der Donau oder sogar aus dem Mittelmeerraum, so die Columella rustica (nach Schuchart)

1 2 3

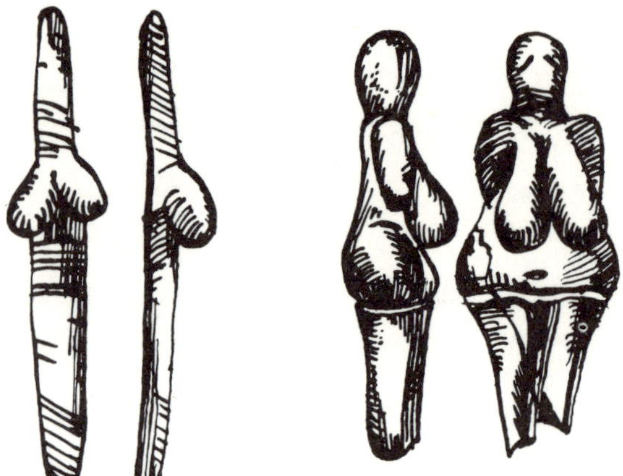

4 5

1 Anhänger aus Mammutelfenbein, stilisierte Frauenbrüste. Im Dorn des Anhängers ist eine Öffnung, Vestonice, Mähren, CSSR.
2 Ungefaßte, aneinandergelegte Grandl.
3 Paarige Grandl in Silberfassung, 19. Jh.
4 Stilisierte, mit einem einfachen Ornament verzierte Frauenfigur, Vestonice, Mähren, CSSR.
5 Venus von Vestonice, Mähren, CSSR (Vorder- und Seitenansicht)

den Frauen Grandl- und Schneckenschmuck fand, läßt vermuten, daß das Grandl schon in der Steinzeit nicht nur Schmuck, sondern vor allem auch Amulett war. Diese Annahme wird noch dadurch erhärtet, daß man den Männern, die sicher als Erleger der Hirsche in Frage kommen, nur Feuersteinwerkzeuge zu den Köpfen gelegt hatte. Der heute in Bayern geübte Brauch, mit dem Grandl für den Hirschjäger eine Trophäe – ein Siegeszeichen – oder ganz einfach nur eine schöne Erinnerung an Jagderlebnisse zu bewahren, entstand also erst sehr viel später. Vielleicht kann gerade die unverwechselbare Form dieses Zahnes auf der Suche nach der ursprünglichen Bedeutung dieses Amuletts weiterhelfen. Hält man nämlich zwei aus dem Hirschoberkiefer gelöste Grandln (Eckzähne) aneinander, entsteht eine Form, die weiblichen Brüsten stark ähnelt. Die Brüste als Symbole weiblicher Fruchtbarkeit finden sich in stark übersteigerter Ausbildung bei vielen Kleinkunstwerken der Altsteinzeit. Die Venusfigürchen sind hierfür das beste Beispiel. Der steinzeitliche Künstler war ein Meister der Vereinfachung und des Weglassens; es kam ihm nur auf das Wesentliche an. Vielleicht hat er, als der Rothirsch in der Mittelsteinzeit Jagdwild wurde, in der Form der aneinandergefügten, an sich unscheinbaren Eckzähne das Symbol des Weiblichen und der Fruchtbarkeit gesehen. So erübrigte sich die Herstellung von Brustamuletten – in der Altsteinzeit zuweilen aus Ton oder Elfenbein gearbeitet –, da die Form von der

Natur selbst gestaltet war und daher noch mehr Amulettwert für den vorgeschichtlichen Menschen besaß.

Jungsteinzeit – Wandel der Jagd beim Übergang zur Seßhaftigkeit

Steinschliff, Keramikfertigung, Haltung und Zucht von Haustieren und Kulturpflanzen, damit Seßhaftigkeit und bäuerliche Vorratswirtschaft umschreiben den Kulturbegriff der neolithischen Epoche. Mit dem Beginn der Jungsteinzeit verliert die Jagd ihre Bedeutung als reine Nahrungsbeschaffung. Vor allem ihre Zweckbestimmung hat sich gewandelt. Nachdem Ackerbau und Viehzucht Lebensgrundlagen für den Menschen werden – also ein Wechsel von der angehenden zur produzierenden Wirtschaftsform eintritt – ändert sich auch der Charakter der Jagd. Zusätzliche Nahrungsbeschaffung, Körperertüchtigung, Liebe zur Natur oder reines Vergnügen können Triebfeder für die zweckbewußte Verfolgung ganz bestimmter Tiere werden. Sehr klar tritt uns ein kulturelles Süd-Nord-Gefälle entgegen: Während in Bayern Auerochse, Hirsch und Wildschwein mit dem Stoßspeer und der steinernen Pfeilspitze gejagt wurden, und im Norden noch reine Jägervölker lebten, gibt es im alten Ägypten schon eine ausgesprochen sportlich repräsentative Jagd. Seit dem Beginn der ägyptischen Kultur stehen genauere Aufzeichnungen zur Verfügung, und es scheint, daß die Jagd bei den höheren Gesellschaftsschichten ein beliebter Sport war. Derartige Dokumente wie Wandmalereien und bis ins kleinste ausgearbeitete Kunstwerke fehlen natürlich in Bayern völlig. Trotzdem gelingt es den Forschern, sich anhand von Keramik-, Werkzeug- und Waffenfunden, der Anlage von Siedlungsplätzen, der Bestattungen und vor allem aufgrund der Knochenfunde ein Bild unserer Vorfahren und ihrer Lebensgewohnheiten zu machen. Einen recht umfassenden Eindruck ergaben die Grabungen bei Hienheim, Kreis Kelheim. Der Fundplatz ist auf dem linken Ufer der Donau gelegen und war, wie man feststellte, zuerst von Bauern der Linearbandkeramikkultur bewohnt, für die nach den aufgefundenen Knochen das Fleisch folgender Tiere wichtig war: Rind, Rothirsch, Schaf/Ziege, Hausschwein, Wildschwein und Reh. Demgegenüber lautet die Reihenfolge der darauf folgenden Stichbandkeramik-Kultur: Rind, Hausschwein, Schaf/Ziege. Die nächste Besiedlungsphase – man ordnet sie der Rössener Kultur zu – ergab nach den Knochenfunden die Reihenfolge: Hausschwein, Wildschwein, Rothirsch und außerdem dann gleichbedeutend: Reh, Rind und Schaf/Ziege.

Der für die Jungsteinzeit in Bayern doch recht hohe Anteil an Wildtierknochen bei diesem Fund dürfte ein Anzeichen dafür sein, daß es in der Umgebung der Hienheimer Siedlung noch viel relativ ungestörte Naturlandschaft gab. Zur vorgeschichtlichen Zeit war der größte Teil dieses Gebietes höchstwahrscheinlich mit Laubwäldern bedeckt, und die jungsteinzeitlichen Bauern waren die ersten, die Teile der Wälder abholzten, um Ackerflächen zu gewinnen.

Welche Bedeutung die Jagd und das Wild für die Küche auch noch in der Jungsteinzeit hatte, zeigt auch noch ein anderer Fundort, nämlich der von Polling im Landkreis Weilheim. Aus dieser der Glockenbecherkultur zuzuordnenden Siedlung stammen 800 Knochen, unter denen der Anteil an Wildtieren achtzig Prozent beträgt. Rothirsch und Wildschwein stehen bei weitem an der Spitze, gefolgt von Reh, Bär, Biber und Elch. Der geringe Anteil von domestizierten Tieren umfaßt der Häufigkeit nach Rind, Schwein, kleine Wiederkäuer und Hund. In Polling wurde also der Fleischbedarf fast ausschließlich durch Wildbret gedeckt. Eine besondere Bedeutung hatte das Wild auch als Rohstofflieferant für Werkzeuge, denn Knochengeräte wurden mit Vorliebe aus Knochen von Wildtieren hergestellt, da Haustierknochen nicht die entsprechende Härte und Festigkeit haben.

Da man sich die Jagd einer vorwiegend von dieser lebenden Bevölkerung im Neolithikum als reine Raubkultur ohne Wildhege vorstellen muß, wobei deren Bedarf an Wildbret auch bei verhältnismäßig geringer Kopfzahl hoch ist, wird bei Seßhaftigkeit das Gebiet mehr und mehr ausgejagt werden, obwohl immer neues Wild einwechselt. Deshalb entspricht es durchaus einer logischen Entwicklung, wenn der Anteil der Bevölkerung, der die sichere Haustierhaltung vorzieht, mehr und mehr zunimmt und aus späterer Zeit Siedlungsfunde mit größerem Wildanteil fehlen. Neben der Nahrungsbeschaffung kann die Jagd aber auch anderen Zielen gedient haben. Die wilden Pflanzenfresser waren Futterkonkurrenten für den Haustierbestand und konnten auch die Feldfrucht gefährden. Die Nagetiere und die Raubtiere mögen hauptsächlich ihrer Pelze wegen getötet worden sein, aber einmal geschlachtet, könnten sie als Nahrung gedient haben. Der Bär mag eine Gefahr für die Haustiere und den Menschen selbst gewesen sein und seine Erlegung galt sicher schon damals als Beweis für Mut und jägerisches Können.

Bronzezeit – Giftpfeile als Jagdwaffen

Über die Jagd in Bayern während der Bronzezeit (ca. 1 800 – 800 v. Chr.) wissen wir fast noch weniger als über die der Steinzeit. Im Gegensatz zu den vorausgehenden steinzeitlichen Perioden, deren Überreste vorwiegend in Siedlungen gefunden werden, stammen die Hinterlassenschaften der Bronzezeit und fast aller folgenden vor- und frühgeschichtlichen Entwicklungsstufen im allgemeinen aus Gräbern. Dorthin wurden sie den Verstorbenen für den Gebrauch im Jenseits mitgegeben. Neben Gefäßen aus Ton hat man den Toten ausschließlich Schmuck, Waffen und Geräte aus deren persönlichem Besitz beigegeben. Wie bereits am Ende der Steinzeit herrschte in der frühen Bronzezeit die einfache Körperbestattung vor. Die Verstorbenen wurden mit angewinkelten Armen und Beinen – in Hockstellung – in eine Grube gelegt.

Im Jagd- oder Kriegsgerät, meist Dolch mit Pfeil und Bogen – nicht selten noch mit Feuersteinpfeilspitzen – dazu Armschutzplatten meist noch aus Knochen, später aus Bronze, mitunter auch Dolch und Streitaxst mit oder ohne Pfeil und Bogen, spiegeln sich sowohl alte Jagdtraditionen als auch Kampfweisen. Eine Unterscheidung von Jagd- und Kriegswaffen ist in diesem Stadium der technischen Entwicklung noch nicht möglich. Ob es sich bei dem Bestatteten um einen gewaltigen Krieger oder bedeutenden Jäger, vielleicht gar nur um den Träger modischer Trachtbeigaben handelte, wird nie ganz geklärt werden können. Ein gutes Beispiel dafür ist ein Grab von Anzing im Landkreis Ebersberg. Es enthielt außer einer Bronzedolchklinge einen in Bayern ungewöhnlichen Griffknauf aus Hirschgeweih, der den ehemaligen hölzernen Griff oben bekrönte. Zu den Beigaben des Bestatteten gehört, wie seinerzeit üblich, ein Spiralarmreif aus Metall (nur Frauen tragen den Armschmuck paarweise) sowie ein Amulettanhänger aus einem Keilerzahn.

In der mittleren Bronzezeit wurden dann die Toten in Grabhügeln bestattet. Grabhügel wie Brandbestattungen, die zum Ende dieser Epoche üblich waren, enthalten unter den bronzenen Besitztümern häufig auch kleine, grün

patinierte Pfeilspitzen. Bogen haben sich leider in keinem bayerischen Fundort erhalten. Es ist aber anzunehmen, daß man sie mit ins Grab gelegt hat. Ebenso ist es mit hölzernen Pfeilschäften.
Eine Ausnahme bildet in dieser Richtung, aber auch wegen der einmaligen Funde, das spätbronzezeitliche Adelsgrab von Behringersdorf im Landkreis Lauf an der Pegnitz: Neben einem Bronzeschwert, einem Bronzemesser und Teilen eines Rasiermessers konnten die Archäologen Teile eines Köchers aus Holz mit Birkenrindenüberzug und sechs Bronzepfeilspitzen, zum Teil noch mit Schaftstücken, bergen. So einzigartig diese organischen Beigabenreste waren – seine eigentliche Bedeutung erhält der Fund durch die besondere Form einiger der Pfeilspitzen, die auf die Verwendung bei der Jagd hinweist. Diese nämlich tragen von der Pfeilspitzentülle aus abwärts, auf mindestens vier Zentimetern Länge Reste einer dichten Umwicklung mit feinen Fasern, die mit einer kittartigen schwarzen Masse miteinander verklebt und ummantelt waren . An die Schäfte waren unmittelbar an den Tüllenmund anschließend jeweils zwei feine, schwach auswärts gekrümmte Holzdornen angewickelt. Welche Funktion können Dornen von einem Millimeter Stärke gehabt haben? Eine Deutung als Widerhaken scheidet aus, da ja die Pfeilspitzen selbst in ihren Flügeln viel wirkungsvollere Widerhaken besitzen. Die Anbringung der Dornen erhält aber sofort eine überzeugende Deutung, wenn wir sie uns mit Gift getränkt vorstellen.
Übrigens dürften nicht nur die Dornen selbst die Träger des Giftes gewesen sein, sondern auch die mit einer kittartigen Kruste überzogene Schaftwicklung, die sich weit über die Dornen hinaus schaftabwärts erstreckt. Sie hat für die Befestigung der Spitze keinerlei Bedeutung, durfte aber eine Funktion als Giftträger gehabt haben. Da einer der Pfeile völlig dornenfrei ist und auch keine Wicklung besitzt, enthielt der Köcher des Bestatteten sowohl Giftpfeile als auch einen solchen für giftfreien Schuß (vgl. Hundt, »Ein spätbronzezeitliches Adelsgrab von Behringersdorf«).

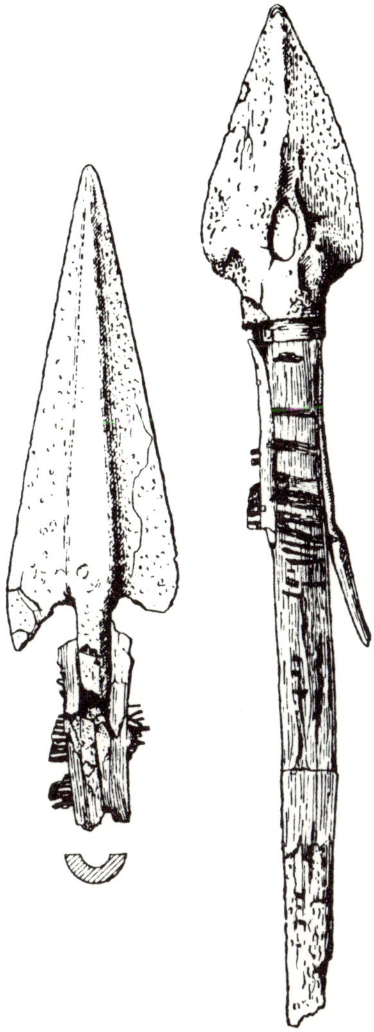

Pfeilspitzen mit Schäftungsresten aus dem bronzezeitlichen Adelsgrab von Behringersdorf. Zeichnung aus: Hans-Jürgen Hundt, Ein spätbronzezeitliches Adelsgrab von Behringersdorf

Die feuchte Lagerung des Köchers hat die Reste der Dornen und Wicklungen mit ihren deckenden schwarzen Krusten so ausgelaugt, daß Spuren des Giftes leider nicht nachgewiesen werden konnten. Auch wird nie ganz geklärt werden können, ob die Pfeile mit einem sofort tötenden Gift behandelt waren, wie es für eine kriegerische Verwendung der Pfeile sinnvoll wäre, oder ob es sich um ein nur lähmendes Gift gehandelt hat, wie es dem Jäger nützlich wäre.

Bereits um die Wende zum ersten Jahrtausend kam in Süddeutschland die Verwendung des Eisens auf. Vermehrt benutzt wurde es aber erst während der Hallstattzeit und zwar besonders für alle die Waffen und Geräte, bei denen sich die größere Sprödigkeit der Bronze nachteilig ausgewirkt hatte. Daß diese daneben stets in Gebrauch blieb, zeigen die Grabausstattungen, bei denen nunmehr immer größere Unterschiede zwischen arm und reich sichtbar werden, wobei sich die Herrenkaste an den Vorbildern ferner Fürstenhöfe orientierte. Obwohl viele der Grabbeigaben, vor allem Schmuckstücke, Tiermotive zeigen, sind jagdliche Bezüge kaum herzustellen. Vögel, Reiter und Hirsche zieren auch gelegentlich die Wandungen von den beigegebenen Tongefäßen.

Aus dem Rahmen des Üblichen fällt ein beutelförmiges Tongefäß aus Fischbach (Burglengenfeld). Die gewölbte Vorderseite zeigt drei Schmuckfriese: in der obersten Reihe drei tanzende Stichmännchen mit erhobenen Armen, in der untersten die entsprechende Zahl von gehörnten Tieren – wohl Hirsche – und dazwischen eine Reihe von hängenden Dreiekken. Ohne Zweifel ist hier eine Prozession von Tieren und Menschen dargestellt, wie sie im Mittelmeergebiet zur gleichen Zeit auf Bronzekesseln viel naturalistischer abgebildet wurden. Diese figural verzierten Bronzegefäße, die meist Szenen aus dem täglichen Leben darstellen,

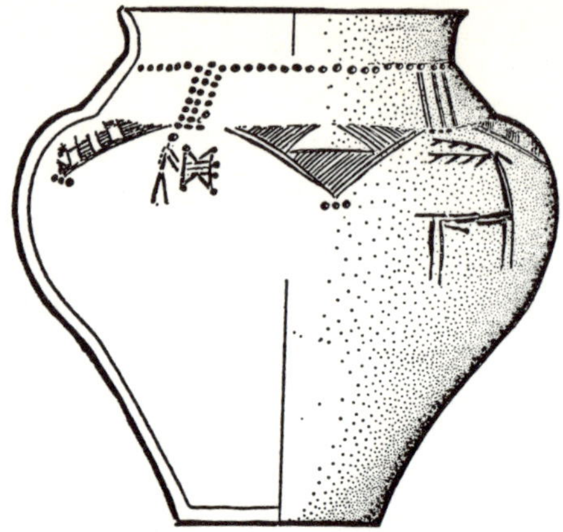

Tönernes Kegelhalsgefäß mit Rillen- und Dellenverzierung, Fischbach, Lkr. Burglengenfeld. Umlaufend dargestellt sind drei Hirsche und zwei Menschenfiguren mit einer stilisierten Leier.

geben auch Aufschluß über die Jagd. Jagdwaffen sind Lanze und Speer, aber auch die Jagd mit Netz und Falle wird ausgeübt.

Die Kelten – Hirschopfer und Jägervereine

Es scheint, daß bis zum Ende der jüngeren Eisenzeit (Latène-Zeit, 400 bis Christi Geburt) die – Entwicklung von der Jagd als reine Nahrungsbeschaffung, zum »Weidwerk« abgeschlossen war. Es galt nicht mehr das Wild um jeden Preis zu erbeuten, sondern es mußte nach bestimmten Regeln erlegt werden. Zwar stammen die Aufzeichnungen über diese Jagdausübung aus römischen und griechischen Schriftquellen christlicher Zeit; sie dürften aber doch die Vorstellungen und das Brauchtum zur Jagd in der keltischen Latène-Zeit auch für Bayern zutreffend widerspiegeln.

Arrian, der griechische Schriftsteller des 2. Jahrhunderts n. Chr., berichtete über verschiedene Jagdsitten und -gebräuche der Kelten. Nach seiner Angabe hatten die Jäger sogar ihre geselligen Vereine, die unter dem Schutz einer weiblichen Gottheit standen, welche er mit dem Namen Artemis bezeichnet. Es bestand der Brauch, dieser Artemis zu Ehren alljährlich ein Liebesmahl zu feiern. Die Gelder dazu wurden im Laufe des Jahres in Form einer Spende gesammelt, welche die Jäger in die »Klubkasse« zu geben hatten. Der Betrag belief sich für einen erlegten Hasen auf zwei Obolen, für einen Fuchs auf eine Drachme, für ein Reh aber auf vier Drachmen. Beim Jahresfest wurde der Schatz ausgeschüttet und je nach dessen Höhe eine Ziege, ein Schaf oder gar ein Rind gekauft und für den Schmaus bereitet. Das gekaufte Tier wurde zunächst der Göttin der Jagd als Opfer dargebracht. Bei dem Essen gingen auch die Hunde nicht leer aus, sie wurden sogar bekränzt, um kundzutun, daß eigentlich um ihretwillen das Fest gefeiert werde. Sehr beliebt scheint nach den Aufzeichnungen des Arrian die Hasenhetze mit dem Windhund gewesen zu sein. Die reichen Kelten sandten am Morgen vor der Jagd Leute aus, um auszukundschaften, wo ein Hase saß. Diese Kundschafter, Jagdaufseher oder Bauern, hatten also nur die Aufgabe, den sitzenden Hasen in seiner »Sasse« zu entdecken, ohne ihn dabei zu stören.

Das Tier spielte in der religiösen Vorstellung dieser indogermanischen Völkergruppe, die einst Süd- und Südwestdeutschland bewohnte, eine hervorragende Rolle. Viele Gegenstände des täglichen Lebens und des Kultes zeigen Tiere wie Widder, Eber, Greifvögel, Hirsche; aber auch Mischwesen, die als göttliche Attribute oder Gottheiten gedeutet werden können. Um Jagdwild handelt es sich aber mit Sicherheit bei den Darstellungen auf einem Fund von Matzhausen, Landkreis Parsberg. Die auf der Töpferscheibe hergestellte Tonflasche (keltisch 400 – 350 v. Chr.) mit linsenförmigem Körper

Tierfries auf der Tonflasche von Matzhausen

und langem engem Hals trägt ein durch Stempelmuster eingerahmtes Tierfries, auf dem vier Paare dargestellt sind: Rehbock und Geiß, Keiler und Bache, Auerhahn und Auerhenne, Hund und Hase, Hirsch und Hirschkuh.

Besonders interessant sind aus dieser Epoche die Hirschbestattungen, die eine enge Beziehung der Religion zur Jagd oder zumindest zum Jagdtier vermuten lassen. Leider fehlen in Bayern noch Funde wie das Hirschgrab des frühlatènezeitlichen Friedhofes von Villeneuve-Renneville (Marne). Hier fand man das Skelett eines Hirsches, der ein Zaumzeug trug, der also zahm in der Siedlung gehalten und dann dort bestattet worden sein muß. Ein Baggerfund aus

Frühkeltische Prunktrense aus der Donau

einem alten Donauarm bei Donauwörth konnte ebenfalls als frühkeltische Hirsch-Prunktrense identifiziert werden, da die Abmessungen der eisernen Gebißstange, die an zwei fein verzierte Bronzeknebel geschmiedet ist, viel zu klein für ein Pferd sind.

Die Opferung eines Hirsches wurde von den Kelten als Garantie für ein ewiges Leben angesehen, denn der Hirsch war in ihren Augen das Tier, das die Toten vor der Auslöschung bewahrt und ihnen den Eintritt ins Paradies sichert. Es stellt sich natürlich die Frage, ob es nicht genügt hätte, ein Opfertier einfach am Strick zu führen. Schließlich dient die Trense in erster Linie dazu, ein Tier sicher zu lenken, wie dies nur für das Ziehen eines Wagens nötig wäre. Tatsächlich weisen die Quellen auf eine solche Verwendung. Eine wichtige Rolle spielte der Hirsch ja auch im Artemiskult. Er diente dabei ebenso als Opfertier wie als Zugtier für einen Wagen bei Prozessionen.

Auch Kaiser Aurelian soll nach der Überlieferung, bei seinem Triumphzug im Jahre 274 in einem mit vier Hirschen bespannten Wagen, der dem König der Goten gehört hatte, gefahren sein.

Aber noch andere Verwendungszwecke müssen bei den Hirschtrensen in Betracht gezogen werden. Schon sehr früh übte man die Jagd mit dem zahmen Lockhirsch aus, der das wildlebende Rotwild bei der Heimkehr in die gewohnte Umgebung ins Verderben lockte, oder aber die Jagd mit abgerichteten Hirschen, die dem anschleichenden Jäger als Deckung dienten. Diese Methoden scheinen uralt zu sein, wird doch schon in den frühmittelalterlichen Gesetzen die Verletzung oder gar der Raub von zahmen Hirschen unter schwere Strafe gestellt.

Der Hirsch nimmt also schon sehr früh die Rolle des bedeutendsten und meistgeschätzten

Wildtieres ein, und bestimmt liegen die Wurzeln der Erscheinung des licht- und kreuztragenden heiligen Hirsches in der Eustachius- und Hubertuslegende in der Vor- und Frühgeschichte. Auch die Tatsache, daß man im Hirsch den Finder des Lebenskrautes und anderer heilkräftiger Pflanzen sah, läßt diese Bedeutung erkennen. Eine in der Volkskunst des Alpenraumes verbreitete Darstellung – der Hirschkopf mit der Pflanze, meist einer Rübe im Äser – kann so gedeutet werden, obgleich manche darin das Zeichen für einen in der Gefangenschaft aufgezogenen Hirsch erkennen wollen.

Links: Tongefäß mit umlaufendem Fries aus der Hallstattzeit, ca. 600 vor Christus. Es zeigt einen Hirsch und einen Musikanten mit Saiteninstrument. Fundort: Schirndorf bei Regensburg. Prähistorische Staatssammlung München.

Während man schon im Altertum in den Mittelmeerländern das Wild in Netze trieb, pflanzte man in Mitteleuropa Hecken, in denen Durchlässe zum Fangen und Erlegen des Wildes vorgesehen waren. Farblithographie aus Deigné Delacourt: La Chasse à la Haie, Paris 1858.

Links: Ausschnitt aus dem Fußbodenmosaik einer römischen Villa bei Westerhofen im Landkreis Eichstätt, Prähistorische Staatssammlung München.

Diese bildliche Darstellung der Gründungslegende des Klosters Wessobrunn ist eine der ersten Jagdszenen, die in Bayern gemalt wurden.

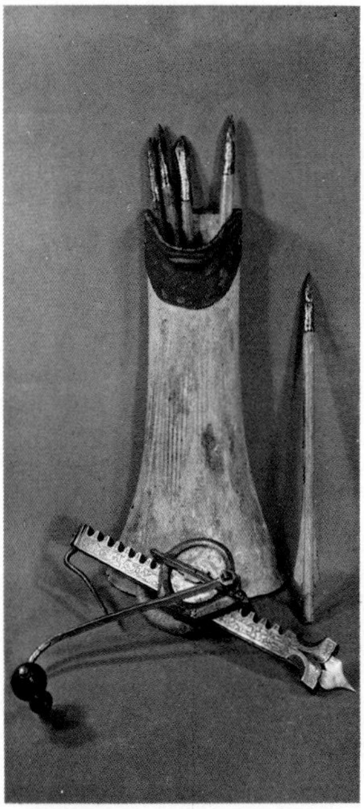

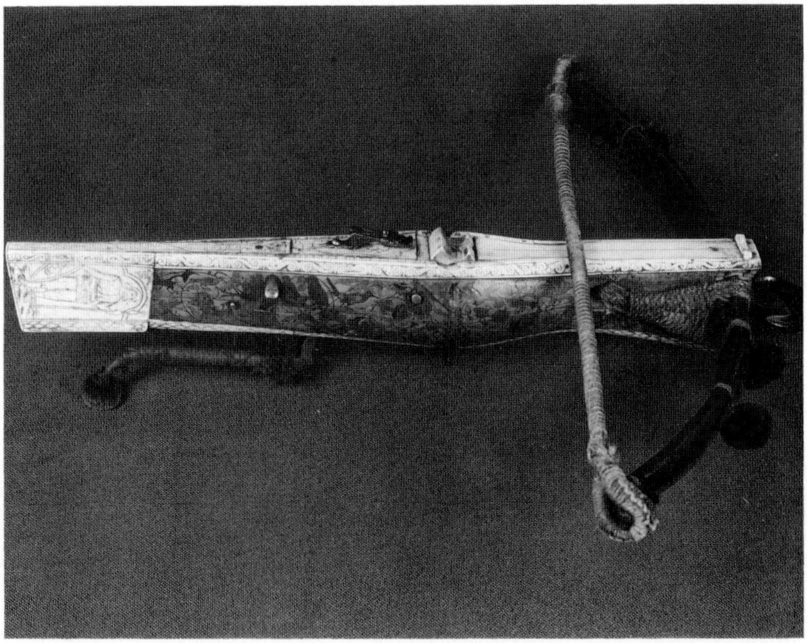

Links: Bolzenköcher aus Holz mit Rinderhaut überzogen, Bolzen mit hölzernen Federn, beides um 1500, dazu Zahnstangenwinde von 1630. – Rechts: Armbrust aus einer deutschen Werkstatt des 16. Jahrhunderts mit verschiedenfarbigen Holzintarsien.

Die Jagd zwischen Antike und Mittelalter

Die Römische Jagd – Tierfang für Tafel und Amphitheater

Mit der Einbeziehung in das römische Imperium 15 v. Chr. beginnt für das Voralpenland eine völlig neue Geschichtsepoche: der Eintritt in die Schriftlichkeit. Neben die bisher als einzige Quelle dienenden Sachfunde, die Ergebnisse der Archäologie, treten jetzt Nachrichten, Erwähnungen und Hinweise in den Berichten antiker Autoren sowie Inschriften auf Kunst- und Gebrauchsgegenständen.

Den Römern fehlte von Haus aus die jagdliche Passion. Die sportliche Art zu jagen lernten sie von den Griechen und Kelten. »Silvis horrida ac paludibus foeda« (Drohend starrender Wald im Wechsel mit Moorflächen), so sah der römische Reiseschriftsteller Tacitus (etwa um 200 n. Chr.) das oberbayerisch-schwäbische Land. Von den römischen Kastellen und Garnisonsstädten abgesehen, war das Land dünn besiedelt und bot dem Wild noch günstige Lebensräume. Das größte Jagdtier in Süddeutschland war der Elch. Er ist jedoch nur im spätkeltischen Oppidum von Manching bei Ingolstadt sowie im spätantiken Kastell Isny im Allgäu belegt. Das bedeutendste Jagdtier war der Rothirsch. Seine Knochen finden sich im Abfall vieler Siedlungen. Die Dichter Vergil, Horaz und Ovid schildern die Hirschjagd. Die Tiere wurden mit Lappen umstellt und von Treibern und Hunden in große, weit ausgespannte Netze getrieben, wo sie eine leichte Beute für die Spieße der Jäger waren.

Daß die Römer aber auch sportlich jagten, zeigte eine besonders schöne und realistische Darstellung auf einem Mosaik der Villa von Westerhofen, etwa zehn Kilometer nördlich von Ingolstadt. Eingefaßt durch einen breiten Spiralrankenfries sind in geometrischen Feldern Meeresfabelwesen dargestellt. Den Übergang zu einer Apsis vermittelt die mit Abbildungen der Hirschjagd verzierte Schwelle. In einer durch sechs kleine Bäume und Andeutungen von Gras und Gebüsch charakterisierten Landschaft sehen wir links zwei nach rechts eilende Jäger, von denen der vordere mit Jagdspieß und Fangschlinge ausgerüstet ist; auf dem Rücken scheint er einen Ranzen zu tragen. Er blickt sich nach seinem Genossen um, der ihm mit einem Stock und einem Paar Schlingen – vermutlich die Hundehalsungen – folgt. Rechts im Bild fliehen von Hunden gehetzt ein Hirsch und eine Hirschkuh.

Über dieser Jagddarstellung, bereits in der Apsis, zeigt das Mosaik einen Stier und einen Bären. Der mit einer breiten, um den Bauch gelegten Binde (Opferbinde, Doriale) geschmückte Stier erwartet mit fest eingestemmten Vorderbeinen seinen Gegner. Es handelt sich ohne Zweifel um eine Kampfszene in der Arena.

Das blutige Schauspiel der Tierkämpfe und Kampfjagden wurde in der Regel im Amphitheater ausgefochten. Das größte und raffinierteste dieser Art, das Colosseum in Rom, faßte 87 000 Zuschauer, und es war sogar möglich, die Arena in einen See zu verwandeln, oder in einen Kulissenwald, in dem man auf wilde Tiere Jagd machte. Allein bei den Eröffnungsfeiern des Colosseums durch Kaiser Titus wurden 5 000 Tiere umgebracht.

Daß diese Tierhetzen und Kampfjagden auch in den nördlichen Provinzen Roms betrieben wurden, beweist ein Fund unter dem Fußboden der Stiftskirche St. Peter zu Salzburg. Durch die Mitte des 2. bis Mitte des 3. Jahrhunderts n. Chr. entstandene Inschrift auf einer aus Untersberger Marmor geschlagene Aschenkiste lernen wir den Vestigiator Profuturus kennen, einen Fährtensucher im Dienste des Lollius Honoratus. Die in Stein geschlagene Inschrift lautet: »Profuturus, dem Fährtensucher im Dienste des Lollius Honoratus, verstorben mit dreißig Jahren, errichteten die Eltern Barb (. . .) und (. . .) rina und die Gattin diesen (. . .) zu ihren Lebzeiten (das Grabmal)« (vgl. Heger, »Salzburg in römischer Zeit«).
Vestigatoren waren Spezialisten in einer arbeitsteilig organisierten Familia venatoria, einer kleinen Truppe von Jägern, in der jeder eine besondere Aufgabe zu erfüllen hatte. In Lollius Honoratus, der solche Spezialisten beschäftigte, darf man natürlich keinen Sonntagsjäger sehen. Es handelte sich vielmehr um einen jener Großjagdunternehmer, deren Aufgabe es war, wilde Tiere zu fangen und sie zu den Amphitheatern zu transportieren.

Der Braunbär, der an verschiedenen Fundplätzen Bayerns durch Knochen nachgewiesen werden konnte, war bestimmt eines der beliebtesten Tiere bei diesen Kampfjagden. Er wurde neben der Jagd zu Pferd, mit Speer und Hund, auch mit Netzen und in Fallgruben gefangen, um ihn dann lebend zu Tierkämpfen in die Arena zu schicken. Wie heute zum königlichen Gardisten vor dem Buckingham Palace die Bärenfellmütze, so gehörte im römischen Heer zum Feldzeichenträger das umgehängte Bärenfell. Aber auch die Zähne waren begehrt und wurden als Amulett getragen. Das Fleisch wurde gegessen, wie Hackspuren am Knochen aus Isny zeigen.
Ein gutes Bild von der Fauna der Römerzeit in Bayern liefert das im ganzen römischen Weltreich verbreitete und ob seiner Kostbarkeit so hoch geschätzte Terra-Sigillata-Geschirr. Diese prachtvollen Gefäße mit ihrer unverwechselbaren ziegelroten Farbe tragen häufig aufgesetzte oder eingestempelte Tiermotive oder Jagdszenen. Ein besonders schönes Beispiel dafür ist der Teller des Töpfers A. Avillius von Arezzo, der in Kempten gefunden wurde und jeweils

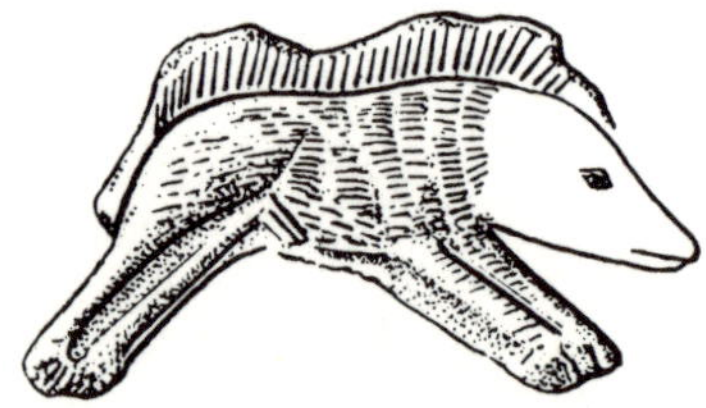

gegenüberliegend zwei applizierte Fische und Wildschweine zeigt. Das Wildschwein war bei den Römern so beliebt, daß es nicht nur mit

Netzen, mit Hunden und zu Pferd gejagt, sondern auch wie andere Wildtiere in Wildparks gehalten wurde. Bei großen Mahlzeiten brachte man das Tier unzerteilt auf den Tisch – die bekannteste Schilderung findet sich in Petronius' »Gastmahl des Trimalchio«.
Aber auch im mythischen Bereich findet sich dieses wehrhafte Wild, und ein besonders schönes Beispiel aus Bayern ist der Hercules aus dem Schatzfund von Weissenburg, der als Begleitfigur einen winzigen (erymanthischen) Eber hat.
Unter den kleineren Wildtieren ist ein seltener Vertreter seiner Art der im Kastell Künzing nachgewiesene Dachs. Wesentlich häufiger – kein Wunder bei seiner sprichwörtlichen Frucht-

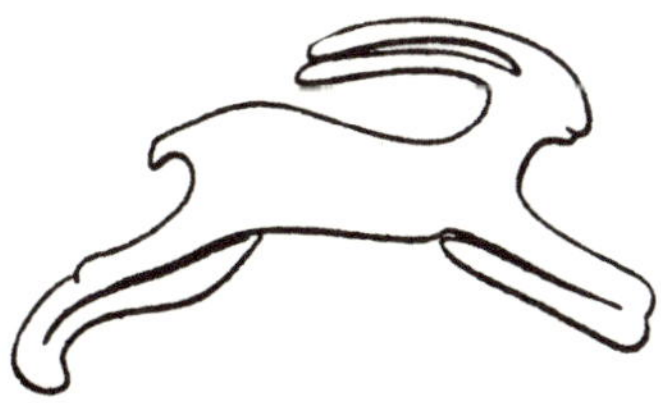

barkeit – ist der Feldhase, durch Knochenfunde nachgewiesen in Epfach, Künzing und Wehringen. Sein Fleisch war so geschätzt, daß Großgrundbesitzer Hasen in umzäunten Gehegen (leporaria) hielten. Aber auch die Hasenjagd war ein beliebtes Freizeitvergnügen und findet sich als künstlerische Darstellung auf einem fragmentarischen Bronzebeschlag aus dem Ka-

stell Oberstimm: Weinreben ranken sich symmetrisch um einen Stamm und zu beiden Seiten springt ein Hund von unten den Hasen an. Auch auf den Griffen von Klappmessern und Fibeln begegnet uns das Motiv des Hundes auf der Hasenjagd vom 1. bis zum 3. Jahrhundert. Daß auch die Sigillatatöpfer auf ihren Gefäßen Hunde auf der Hasenhatz darstellen, ist da ganz natürlich.
Auch die Pelztierjagd wurde von Gutsherren wie Offizieren betrieben. Vor allem der Balg des Rotfuchses war sehr geschätzt. Wenn die Füchse zur Plage wurden, ging man mit großer Meute auf Treibjagd, spannte Netze oder legte Schlingen und Gift aus. Obwohl das Fleisch des Fuchses schon von den Römern als übelriechend und nicht zum Verzehr geeignet abgelehnt wurde, scheint dieser in Notzeiten doch auch auf den Tisch gekommen zu sein. Hackspuren an Knochen aus dem Kastell Isny beweisen es.
Ebenfalls anhand von Knochenfunden konnten in Isny Marder und Iltis als Jagdwild nachgewiesen werden. Aus dem Balg des Marders nähte man Taschen und Mützen, aber auch Hundehalsbänder wurden damit gefüttert. Vom gleichen Fundort stammen auch Knochen des Fischotters, der wohl in der Argen zu Füßen des Kastells ebenso wie der Biber ideale Lebensbedingungen vorfand. Wie Hackspuren an den Knochen dieses großen Nagetieren zeigen, wurde er auch verspeist. Mit Fallen gejagt hat man ihn aber bestimmt wegen seines Pelzes. Daneben war aber das Sekret Bibergeil sehr gefragt, das wegen seiner spasmolytischen Eigenschaft als Heilmittel gegen Krämpfe gebraucht wurde (von Tetanus bis Tollwut und Epilepsie). Die Asche des Felles wurde gegen Brandwunden und Nasenbluten eingesetzt.
Aus Epfach ist als weiterer Bewohner der Flußauen der Kranich zu nennen. Die Römer fingen ihn mit Netz und Schlinge, mästeten ihn und brachten ihn als geschätzte Delikatesse auf die Tafel.
Seit dem Aufkommen des Christentums verlie-

ren die religiösen Bindungen an das Tier – wie sie zum Beispiel bei den Zwittererscheinungen der keltischen Gottheiten oder als Begleiter römischer Götter ihren Ausdruck fanden – immer mehr an Bedeutung. Neue religiöse Vorstellungen beeinflußten auch die Kunst, die in ihren Ausdrucksformen Rückschlüsse auf die Lebensform erlaubt. In der Antike stand der Mensch und sein Betätigungsfeld im Mittelpunkt, doch im Zeitalter des frühen Christentums mit seiner Geringschätzung des Diesseitigen war es kaum verwunderlich, daß profane Jagdszenen fast völlig verschwunden sind. Nur durch das recht spärliche Fundmaterial der Ausgrabungen und auf Grund sprachwissenschaftlicher Rückschlüsse in Zusammenhang mit den Traditionen der nachfolgenden Epochen läßt sich ein Bild vom Jagdwesen jener Umbruchszeit zwischen Antike und Mittelalter entwerfen.

Völkerwanderung und frühes Stammesherzogtum – das Jagdrecht der Lex Baiuvariorum

Bereits durch die ersten Einfälle der Alemannen im 3. Jahrhundert nach Christus beginnt für die Geschichte des Landes Bayern ein völlig neuer Abschnitt. Die Kämpfe und Zerstörungen dieses neu entstandenen suebischen Völkerverbandes im unter römischer Herrschaft stehenden Voralpenland sind durchaus schon als Anzeichen der beginnenden Völkerwanderung zu sehen. Immer wieder brechen in Bewegung gebrachte Völkerschaften in das Imperium ein, und sehr klar zeigen die Ausgrabungen, daß die bisherigen offenen Siedlungsplätze unhaltbar wurden. Die Bevölkerung zog sich auf fortifikatorisch günstige Punkte zurück. Für die Bedrängnis spricht, daß man das Schutzbedürfnis allem anderen überordnete und auf alles mögliche Baumaterial zurückgriff, wobei auch Grabsteine und Ehreninschriften nicht verschont blieben. Man wird auch annehmen können, daß daher in diesen Kriegs- und Notzeiten die Jagd – zumindest als sportliche Betätigung – eine untergeordnete Bedeutung hatte. Die schlecht bewaffnete und weithin verarmte Bevölkerung konnte sich, von der römischen Schutzmacht verlassen, auf die Dauer gegen die Übergriffe germanischer Truppen nicht mehr schützen, und so enden die letzten Spuren römischen Lebens in Bayern zum Ende des 5. Jahrhunderts.

Mit dem Abzug der Römer beginnt, zumindest einer alten Stammessage nach, die Geschichte der Bajuwaren, die nach einer Überlieferung des 12. Jahrhunderts im Jahre 508 unter Herzog Theodo in ihr Stammland zurückkehrten, aus dem sie einmal vertrieben worden seien. Heute weiß man, daß die sagenumwobene »Landnahme« in dieser Form nie stattgefunden hat, daß sich der bayerische Stamm vielmehr aus einem mehr oder weniger friedlichen Nebeneinander von romanisierten Kelten, im Lande verbliebenen Romanen und zugewanderten starken germanischen Volksgruppen entwickelt hat.

Unter dem Land Bayern, der terra Bavariae, verstand man im Mittelalter bis ins dreizehnte Jahrhundert das Land von Bozen und seiner Umgebung im Süden, dem Lech und der Regnitzfurche im Westen, dem Fichtelgebirge, dem Oberpfälzer- und Böhmerwald im Nordosten, bis über Wien hinaus und an die Ränder der Puszta, bis nach Krain und Istrien. Das Kerngebiet war das Alpenvorland bis zur Donau hin, das durch seine Geschlossenheit und Weiträumigkeit zur Bildung einer politischen Einheit wie geschaffen war. Hier entstand der bayerische Stamm und der bayerische Staat, indem das von den Römern hinterlassene Herrschaftsvacuum vermutlich seitens des Frankenreiches als der neuen kontinentalen Vormacht

durch Einsetzung eines Amtsherzogs ausgefüllt wurde.
Der Charakter des bayerischen Landes war zum Zeitpunkt der Bildung des bayerischen Stammesherzogtums, also zu Beginn des 6. Jahrhunderts, vom heutigen Erscheinungsbild verschieden: einem relativ geringen Fruchtstand stand die große Masse unkultivierten Landes gegenüber. Der Nordgau – das Gebiet nördlich der Donau – war damals von Urwäldern (Eiche und Buche) bedeckt, die nur in den Flußniederungen des oberen Mains, der Altmühl, der Naab und des Regen von einzelnen Siedlungsinseln durchsetzt waren. Schon die Römer betonten den unwirtlichen Charakter dieser »Hercynia silva«, eines Waldes, durch den sie zwar Straßen angelegt, den sie aber nie systematisch gerodet hatten. Eine waldfreie Siedelzone von unterschiedlicher Breite und wechselnder Geschlossenheit erstreckte sich dann an der Donau, seit alters bebaut: das spätere niederbayerische Getreideland. In den heute österreichischen Ländern waren Mühlviertel und Waldviertel waldreicher als das östlich anschließende Weinviertel. Südlich vom Fruchtboden an der Donau durchzog das Land ein weiter Waldgürtel, der dann von einer zweiten Siedlungszone am mittleren Lech, an Iller, Isar, Inn, Salzach und Traun abgelöst wurde. Ein dritter Waldgürtel, oft »Eremus« oder »Solitudo« (Einsamkeit) genannt, lag abermals südlich am Rand der Alpen und erstreckte sich bis zur unbewaldeten Hochregion.
Auch die Bevölkerung des nunmehrigen Bayern siedelte zunächst in der offenen Kulturlandschaft, bezog jetzt aber mehr als früher den Wald in die Siedlung mit ein. Als Lieferant für Bau- und Brennholz, aber vor allem für die Waldweide und zur Schweinemast schätzte man die siedlungsfreundlichen Laubwälder des Alpenvorlandes. Der Wald und seine Nutzung stand nach germanischem Recht jedem Freien ebenso zu wie das Recht des freien Tierfanges. Es mag nach dem Territorialprinzip an der Grenze der jeweiligen Mark seine natürliche Beschränkung gefunden haben.
Eine notwendige Folge der Herrschaftsbildung wurde die Regelung der Eigentumsverhältnisse. Es entstanden die »Mark«, »Markung« und »Markgenossenschaft« als abgegrenzte Ländereien um besiedelte Orte, die im Eigentum der »Markgenossen« standen. Es gab also zweifache Besitzverhältnisse, nämlich echtes Privateigentum der Markgenossen und Gesamteigentum an den zur »Markung« gehörenden Wald- und Weidegebieten, Gewässern, Mooren und Ödungen. Das Privateigentum war abgegrenzt, am Gesamteigentum gab es keine Anteile, sondern lediglich Nutzungsrechte.
Erstmals gegen Ende des 6. Jahrhunderts lassen sich Strafbestimmungen gegen unerlaubte Entnahme von Bäumen, widerrechtlichen Eintrieb von Vieh und Verstöße gegen Betretungsverbote feststellen. Das Betretungsverbot fremden Eigentums läßt erstmals jagdrechtliche Bestimmungen in Verbindung mit Eigentum an Grund und Boden vermuten, denn solche Betretungsverbote stellten den Grundbesitzer von der Schadenshaftung frei, wenn ein Unbefugter durch jagdliche Einrichtungen (Fallen oder Schlingen oder andere Fangvorrichtungen) zu Schaden kam. Auf den gemeinsam genutzten Flächen stand die Jagd allen Markgenossen zu. Das erste bayerische Gesetzbuch, die Lex Baiuvariorum, das in der uns erhaltenen Form im 8. Jahrhundert entstanden ist, enthält in seinen älteren Schichten auch wertvolle Hinweise auf dem Gebiet der Jagd und des Wildfrevels: So genossen Jagdhunde und Beizvögel besonderen Schutz. Auch der Erlaß gesetzlicher Vorschriften über Fallgruben, Fußangeln, Schlingen und sonstige Fangeinrichtungen wurde notwendig, und diese finden in dem bayerischen Gesetzbuch ihren Niederschlag. Den Markgenossen

mußten solche Einrichtungen angezeigt werden, es sei denn, sie wurden in der »Wildnis«, also außerhalb der Mark, installiert.
Wie hoch die Jagdtechnik zu diesem Zeitpunkt bereits entwickelt war, zeigt die Differenzierung der zur Jagd verwendeten Hunde im Volksrecht der Bayern. Allem Anschein nach haben sich diese aber weniger nach Rassen voneinander unterschieden als nach der Art ihrer Verwendung und Eignung. Die Lex Baiuvariorum erwähnt »canem Seucem«, also einen Seucius genannten Hund, der als Leithund (Leitihunt) bezeichnet wurde (nach Baltz, »Jagd und Jagdhunde in den Volksrechten«). Was unter Segusius, Sigusius oder Seucius zu verstehen ist, findet sich bei Xenophon, der von den Kelten sagt, daß sie eine Rasse von Hunden hätten, die zum Spüren nicht minder geschickt seien als die karischen und kretischen Hunde und mit Lärm und Gebell jagten. Weiter ist dort die Rede von einem anderen Seucius, der, am Riemen geführt, die Fährte des Wildes hält und Spürhund (Spurihunt) genannt wurde. Nach der Höhe der Strafe zu urteilen, die für die Entwendung eines derartigen Jagdhundes festgesetzt war, waren diese Tiere einander gleichwertig. Ebenso hoch wurde aber auch der Wert des Hundes eingeschätzt, der zur Jagd auf Bär, Ur und Wisent eingesetzt wurde. Das bayerische Gesetz erwähnt weiter den »seucem doctum«, also einen »gelehrten«, abgerichteten Seucius, der Treibhund (Triphunt) genannt wurde. Dieser wurde geringer bewertet, denn die für die Entwendung oder Tötung dieses Hundes festgesetzte Strafe hat nur die Hälfte betragen wie bei den oben angeführten.
Die Verwendungsweise des Leit-, Spür- und Treibhundes ergibt sich aus den Bezeichnungen. Wenn vom Spürhund gesagt wird, daß er am Seil geführt wird und auf der Fährte nachgeht, so wird schließlich der Leithund dasselbe getan haben; denn auch er mußte den Jäger führen, wobei man ihn bei dieser Gelegenheit sicherlich ebenfalls am Seil geführt hat. Wenn die beiden Hunde auch als gleichwertig bezeichnet werden, so dienten sie doch wohl verschiedenen Zwecken. Der Leithund hatte jedenfalls die Aufgabe, das edlere Wild aufzusuchen und zu bestätigen, während der Spürhund vermutlich die Verfolgung des kranken Wildes aufzunehmen hatte. Der Treibhund aber diente sicher dazu, das Wild den Jägern zuzutreiben. Soweit nun in den kodifizierten Volksrechten von Hunden die Rede ist, die auf Schwarzwild, also Bären, Wildschweine, Ure und Wisente

Der Canis segusius – die Kettenbracke – gilt als Stammvater aller hängeohrigen Jagdhunde (Bracken). Aus »Die jagdbaren Thiere Europas«, Paul Neff Verlag Stuttgart, 1886

Aus: »Neu Jägerbuch« Jacoben von Fouilloux, das 1561 erstmals erschien

angesetzt wurden, so waren damit jedenfalls besonders schwere Hunde gemeint, die nicht unter den Sammelbegriff »Seucius« fallen und die vielleicht mit den Doggen verwandt waren. Es liegt ja auf der Hand, daß nur große Hunde mit großer Kraft und Stärke die Aufgabe dieser Art erfüllen konnten.

Daß die Hasenjagd seinerzeit bei den Bayern eine nicht zu unterschätzende Bedeutung hatte, geht daraus hervor, daß unter den zur Jagd verwendeten Hunden auch der Windhund (canis veltris) eine ziemlich große Rolle spielte. Von ihm wird gesagt, daß er den Hasen nicht nur zu verfolgen hatte, sondern diesen aufgrund seiner Schnelligkeit auch greifen mußte. Wer einen solchen Hund entwendete oder tötete, hatte die gleiche Strafe zu entrichten, wie sie für den Treibhund festgesetzt war.

Neben den Jagdhunden spielten auch die Haus- und Hofhunde eine große Rolle, namentlich aber die Hirtenhunde; denn es war ihre Aufgabe, die das Vieh raubenden Wölfe abzuwehren oder zu töten.

Die Jagd gehörte zum freien Grundeigentum. Sie lag in den Händen der Markgenossen und wurde anfänglich vermutlich mehr von einer Gruppe als vom einzelnen betrieben. Ethnologische Vergleiche lassen die Existenz fester Regeln für die Verteilung der Beute vermuten, doch fehlt es hier an verläßlichen Hinweisen. Die Individualisierung des jagdlichen Vorgangs ist ein mit Fortschritt der Jagdtechnik parallellaufender, jedoch in germanischer Zeit schon deutlich erkennbarer Prozeß.

Vermutlich gab es in der Zeit des Stammesherzogtums auch noch weite Waldungen, die sich nicht im Privateigentum, also nicht im Bezirk einer Dorfmark befanden, sondern als allgemein zugänglich und freies Revier dem Tierfang offenstanden. Hier konnte vermutlich auch der »Unfreie« jagen, während er sonst vom Jagdrecht ausgeschlossen war. Die Jagd war in jener Zeit ja noch ein wichtiger Erwerbszweig, die Versorgung der Küche mit Wild ein äußerst wichtiges Geschäft, und da dieses Geschäft noch überdies Vergnügen machte, wollte es sich der Herrenstand nicht schmälern lassen. Er untersagte daher den Unfreien die selbständige Ausübung der Jagd, die Knechte wurden auf der Pirsch nur zur Bedienung herangezogen, teils ständig als angestellte Wald- und Wildaufseher, teils vorübergehend zum Tragen, Fahren, Hundeführen, Treiben oder zu sonstigen Wald- und Jagdarbeiten. Dabei war natürlich nicht ausgeschlossen, daß in einzelnen Fällen die Grundherren ihre Knechte auch zur selbständigen Ausübung der Jagd ermächtigten, wenigstens auf einige Wildarten und namentlich auf Bär und Wolf, denn die Bauern standen in hartem Kampf um ihre Existenz mit den Tieren des Waldes. Wisent, Ur, Elch, Wildschwein und Edelwild fielen in die Saaten ein und vernichteten oft in einer Nacht die Felder; Bär, Wolf und Luchs forderten von den Herden ihren Tribut. Die Quellen über die frühmittelalterliche Jagd und ihre Techniken in Bayern sind natürlich sehr spärlich. In den letzten Jahren kommt der Auswertung von Tierknochenfunden in mittelalterlichen Siedlungen eine immer größere Bedeutung zu. So wurden zum Beispiel die Tierreste aus archäologischen Grabungen in Kelheim (Niederbayern), Barbing-Kreuzhof und Kirchheim bei München vom Bayerischen Landesamt für Denkmalpflege in den Jahren 1976 – 1980 geborgen und ausgewertet. Bei allen Grabungen stammten die Tierknochenfunde überwiegend von Haustieren.

Vergleicht man die Fundzahlen der Wirtschafts- und Jagdtiere einschließlich der Vögel und Fische, so liegt der Haustieranteil in Kelheim bei 93,1 %, in Barbing bei 95,2 % und in Kirchheim sogar bei 99,9 %. Der Rothirsch war in Kelheim und Barbing das wichtigste Jagdtier. Es kamen Hirsche aller Altersstufen zur Strekke, die Tiere waren jedoch größer als der heutige Hirsch. Außerdem erlegte man Rehe, wie einige Knochen aus Kelheim zeigen. Die Jagd auf Wildschwein, Ur (Barbing), Bär (Kelheim), Biber, Feldhase ergänzten den Bedarf an Wildbret, und in Barbing fand sich sogar ein Klauenbein eines Elches.

Daß die Knochenfunde von Wildtieren in diesen bäuerlichen Siedlungen, die ja doch in sehr wildreichen Gebieten gelegen haben müssen (z. B. Kelheim mit dem Anwald von Donau und Altmühl) sehr spärlich sind, läßt vielleicht den Schluß zu, daß der Adel bereits das Jagdvergnügen für sich in Anspruch genommen hat.

Eine weitere Möglichkeit, das Bild der Jagd im frühen Mittelalter noch zu erweitern, sind sprachwissenschaftliche Rückschlüsse im Zusammenhang mit Traditionslinien der nachfolgenden Epochen. So erinnern zum Beispiel Orts- und Flurnamen mit -hag oder -hain an die oft kilometerlangen lebenden Hecken aus dichtem Unterholz, die man für die Jagd angelegt hat. Diese Heckenjagd kann man vielleicht als das erste charakteristische Merkmal der »deutschen Jagd« auffassen, da sie – obgleich bis in die germanische Zeit zurückreichend – ihre jagdliche Bedeutung bis ins Mittelalter ungeschmälert beibehielt. Während man in den Mittelmeerländern das Wild in Netze trieb, pflanzte man in Mitteleuropa Hecken, in denen Durchlässe vorgesehen waren, die das Wild gewohnheitsmäßig passierte. Bei der Treibjagd wurden diese Zwangswechsel dann »verstrickt«, das heißt mit Schlingen oder mit Netzen verstellt, in denen sich das Wild fangen sollte.

Von besonderer Bedeutung für die Erkenntnisse der bayerischen Frühzeit und auch die Jagdtechnik dieser Epoche ist wiederum das bayerische Gesetzbuch, die Lex Baiuvariorum. Dort wird alles Wild mit dunkler Haut unter dem Namen »Schwarzwild« zusammengefaßt: Ure, Wisente, Schweine, Bären. Ihm stand das »Rotwild« gegenüber, dessen bräunlich rotes Haar im Sommer durch das Blattwerk leuchtet.

Braunbär, vom Bärenstecher getroffen, der an seinem Wechsel aufgestellt war. Illustration nach einer Miniatur in dem Gedicht des Gaston Phöbus, 15. Jh.

Die Einteilung ist freilich so naheliegend, daß man nicht an Einflüsse aus dem Altertum zu denken braucht, obschon man auch da diese Einteilung bereits kannte.

Alles Weidwerken hatte den unmittelbaren Zweck, wilde Tiere in die Gewalt des Jägers zu bringen, lebendig oder tot. Dieses Ziel konnte erreicht werden durch mechanische Fangvorrichtungen, durch eigentliches Jagen und Greifen, durch Schleudern einer Waffe oder durch Schießen. Vielfach greifen diese Methoden ineinander, im wesentlichen aber geben sie doch eine brauchbare Einteilung, welche auch das Mittelalter festgehalten und gekennzeichnet hat durch die Begriffe: »vangen, jagen, birsen«, wozu als viertes Element dann noch »beizen« kam oder das »vederspiel«.
Diese Jagdart, als »Beize« bis in unsere Zeit bekannt, galt schon bei den germanischen Völkern als Nationalsport. Die Ostgoten übernahmen sie von den Sarmaten bei ihrer Begegnung mit diesen im pontischen Raum und vermittelten sie ihrerseits den westlich von ihnen siedelnden Germanenstämmen. Diese brachten sie den benachbarten Kelten und trugen sie während der Völkerwanderungszeit durch ganz Europa bis nach Spanien und Nordafrika. Dank raschen Ortswechsels und verminderter Seßhaftigkeit, die in der Periode der großen Bewegungen auch Auswirkungen auf die praktizierbaren Jagdmethoden haben mußten, wurde im 5. nachchristlichen Jahrhundert germanische Jagd im wesentlichen mit Falknerei gleichgesetzt. Daß in Bayern die Jagd mit dem Beizvogel schon bei den Markgenossen beliebt und verfeinert betrieben wurde, zeigt wiederum das bayerische Volksrecht. Es unterscheidet den Habicht, der den Kranich schlägt, von dem, der die Gans und dem, der die Ente schlägt und diese Habichte wiederum vom Sperber.

Aus dem »Büchlein vom Habicht«. Augsburg 1497

An der Technik der Beizjagd hat sich bis zum heutigen Tag sicher nicht viel geändert. Der Falkner ging oder ritt mit dem Vogel auf der Faust an die beschilften Ufer der Gewässer und warf ihn ab, wenn Enten aus dem Schilf aufstanden; oder er pirschte sich mit dem Vogel auf der Faust mühsam in Gräben und Geländefalten an die Stoppelfelder heran, auf denen Wildtauben oder die Gänse in Schwärmen eingefallen waren.
Die größte Freude aber hatten die Markgenossen, wenn es ihnen gelang, den schlauen Kranich zu überlisten und trotz der aufgestellten Posten so dicht an ihn heranzukommen, daß sie den Beizvogel nach ihm werfen und den Kampf der Vögel in der Luft beobachten konnten. »War es dem Beizvogel gelungen, den Kranich im Steigen zu ermüden, war diesem die Luft zu dünn geworden, die ihn tragen sollte, dann stürzte er unter jämmerlichem Klagen auf die Erde nieder, ihm nach die Beizvögel. Der Kranich warf sich auf den Rücken, der Kampf begann und dauerte fort, bis die Jäger herbeieilten«. So schildert Winckell in seinem 1865 erschienenen Handbuch für Jäger diese Jagdart. Daß die Bajuwaren diese Jagdart schätzten und

sich dafür als Beizvogel des Falken bedienten, geht wieder aus der Lex Baiuvariorum hervor. Der Kranichstößer, der »Cranohari« (vermutlich der Falke) stand in doppelt so hohem Wert wie der Gänsehabicht und in sechsfach so hohem wie der Entenhabicht und der Sperber. Waidmännisch in unserem Sinne wurde die Jagd im frühen Mittelalter sicher noch nicht betrieben; man schonte weder Alter noch Geschlecht und jagte das ganze Jahr hindurch. Von einer Folge auf verwundetes Wild, ja von einer Pflicht des Jägers, diese auszuüben, um dem Tier die Qualen zu verkürzen, ist noch lange nicht die Rede. Wenn eine Nachsuche stattfand, so geschah sie nur im eigenen Interesse, weil man den Braten nicht verlieren wollte. Dementsprechend waren auch die Fangmethoden. Da die Schußwaffen im frühen Mittelalter noch mangelhaft waren, wurde die Fangjagd am häufigsten ausgeübt. Allgemein gebräuchlich waren Fallgruben, große viereckige Ausschachtungen, die unten weiter waren als oben und die man mit Zweigen, Laub und Erde bedeckte. Eine andere Art der Fangjagd war das Legen von Fallen und Fußangeln.

Neben der weitverbreiteten hölzernen Klappfalle bediente man sich auch Vorrichtungen, die sicher nach dem Prinzip der Gewichts- und Schwippgalgenfallen gebaut waren. Auch das Auslegen und Aufhängen von Schlingen und Stricken war beliebte Praxis. Das Wild geriet mit dem Kopf oder dem Lauf in die Schlinge, erschrak bei der Berührung, worauf sich diese mit jeder Bewegung des Tieres fester zuzog, bis es unter Qualen verendete, oder vom Jäger getötet wurde.

Außer diesen Fangmethoden werden in den Volksrechten noch »Bögen« erwähnt, die vermutlich so beschaffen waren, daß ein junger Baum zu einer Stellvorrichtung herabgebogen wurde, die mit einer Schlinge verbunden war. Geriet Wild in die Schlinge, löste sich die Stellvorrichtung, der Baum schnellte in die Höhe und riß das gefangene Tier mit sich in die Luft.

Die Fallentechnik führt uns unmittelbar zum Vogelfang. Gerade in diesem Bereich wird man zwischen Fang aus rein wirtschaftlichen Interessen und echter Jagd unterscheiden müssen. Sicher war der Vogelfang wie der Fischfang im Altertum ein entscheidender Beitrag zur Ernährung breiter Bevölkerungsschichten. Daß diese Massenfänge mit Netzen ausgeübt wurden, scheint nahezuliegen. Der Vogelfang mit der ruhenden und gespannten Schlinge und die zusammenlegbaren Leimstangen, für die es zahlreiche künstlerische Belege aus dem Altertum gibt, wird man als Jagd ansprechen können. Bediente sich der jagende Römer dabei einer zusammensteckbaren Leimstange, mit der das zu jagende Federwild – eingeschüchtert durch einen zahmen Greifvogel – vom Baum geholt wurde, so verwendeten die germanischen Völker den Kloben.

Dieses Fanggerät bestand aus zwei durch eine Zugschnur handbetätigte, gut aufeinanderpassende schmale Holzbretter, mit denen man Kleinvögel erbeutete. Wie lange diese charakteristische Vogelfangtechnik der Frühzeit prakti-

Klobenhütte. Nach einer Miniatur in dem Buch des »Roy Modus«. Handschrift des 14. Jahrhunderts. Rechts unten auf der Stange ein Kauz, der die kleinen Vögel anlockt

ziert wurde, beweist eine Erläuterung im Forst- und Jagdlexikon von Stephan Behlen, das 1842 in Frankfurt a. M. erschien: »... Solche Kloben stellt man zu Löchern der Hütte hinaus, und Lockvögel in deren Nähe. Sobald sich nun ein Vogel darauf setzt, zieht man rasch an der Schnur; beide zusammenklappende Hölzer fangen ihn an den Zehen, man zieht den Kloben schnell in die Hütte, macht den Vogel los, und steckt den Kloben zu neuem Fang wieder aus.«

Die Ausbildung des großen Grundbesitzes und die Jagd als Adelsprivileg

Wie wir gesehen haben, war die »freie Jagd« im 6. und 7. Jahrhundert nur mehr im »freien Land«, also außerhalb der Mark erlaubt. Innerhalb der Mark stand das Jagen nur den Markgenossen zu. Damit ist erstmals eine Verbindung des Jagdrechts mit dem Eigentum an Grund und Boden bestätigt.

Im weiteren Verlauf der Entwicklung wurde Grundbesitz zum entscheidenen Maßstab für Reichtum und Macht. In der Zeit der Stammesherrschaft hatte Grundbesitzern neben dem Verfügungsrecht an ihrem Eigenland die gemeinschaftliche Nutzung der Dorfmark an Acker, Wiese, Wald, Wasser, Bodenschätzen, Fischerei und Jagd zugestanden. Es kam nun vor, daß mehrere Besitzungen in der Hand eines Markgenossen zusammenfielen, daß Grundbesitz an die Kirche verschenkt oder von einem der großen Vasallen erworben wurde. Durch den damit verbundenen Einfluß des größeren Besitzes, aber auch durch das Erstarken der Zentralgewalt des Herzogs im Stammesherzogtum wurden die alten Rechte der Markgenossen zurückgedrängt, und mit diesen fiel oftmals auch das Recht der Jagd an die politisch und wirtschaftlich stärkere Gewalt. So kam es zu einer Abgrenzung der Jagdgebiete, und auch die Landesherzöge beanspruchten auf den Flächen, die nicht zu einer Dorfgemeinschaft gehörten, die Jagd als Sonderrecht für sich. Es ist sicher, daß die letzten Bayernherzöge aus dem Geschlecht der Agilolfinger, Odilo († 748) und Tassilo (* um 742, † 794), bereits größere Gebiete als Jagdreviere für sich in Anspruch nahmen, ebenso die ihnen an Macht und Ansehen gleichstehenden fünf großen Geschlechter (Huosi, Fagana, Draozza, Hahilinga, Anniona). Das Jagdrecht wurde zum Privileg der Landesherren, die den Bewohnern der Ortschaft nur auf kleinem Raum die niedere Jagd erlaubten.

Es ist nicht ungewöhnlich, daß wir bei der Betrachtung der frühen kulturellen Entwicklung in Bayern, die ja weitgehend mit der religiösen Entfaltung verbunden ist, häufig auf Begegnungen mit Wild und Jagd stoßen. Es sind weniger die Urkunden als vielmehr die Gründungslegenden von Kirchen und Klöstern, die uns von mancher dramatischer jagdlicher Begebenheit berichten.

In jener Zeit des frühen Mittelalters, in der das Gebiet Bayerns südlich der Donau lag und vom Lech bis nach Linz reichte, ragte im Hinblick auf die Jagd der bayerische Herzog Tassilo III. (* 742, † 794) heraus. Als letzter Herzog aus dem Haus der Agilolfinger war er zwar von den fränkischen Karolingern abhängig, regierte sein Herzogtum aber seit dem Jahre 757 weitgehend souverän, soweit in dieser Zeit überhaupt von Regierung gesprochen werden kann. Korrekterweise müßte man von Herrschaft sprechen, die der Fürst persönlich beziehungsweise über seine Vasallen ausübte. Da die Durchsetzung der Herrschaft in hohem Maße von der persönlichen Präsenz des Herrschers abhing, regierten die Fürsten jener Zeit überwiegend vom Sattel aus. Tassilo III. förderte die bayerische Ostsiedlung und die Mission unter den angrenzenden Slawen. Mit Klöstern, die er nicht zuletzt auch

zur Grenzsicherung gründete, schuf er gewissermaßen »Festungen« im wahren und friedlichen Sinne: Wessobrunn im Westen, Kremsmünster im Osten. Beide – aber sie nicht allein – beginnen ihre zunächst legendäre Existenz mit einer Jagdsage, in deren Mittelpunkt jeweils Herzog Tassilo steht. Nach der Gründungssage, die Bernardus Moricus, der Kremsmünsterer Geschichtsschreiber des frühen 14. Jahrhunderts, erzählt, wurde die Kirche über dem Grab des bei der Quelle »Gundraeich« von einem Wildschwein tödlich verwundeten Stiftersohnes Gunther errichtet. Die Erscheinung eines brennende Kerzen im Geweih tragenden Hirsches soll dabei Grab- und Bauplatz bestimmt haben.
Wer die Klosterkirche betritt, findet das Gunther-Hochgrab in der romanisch-frühgotischen Kapelle, die sich unter dem Südturm befindet. Die kurz vor dem Jahre 1304 entstandene Deckplatte aus weißem Nagelfluh zeigt den jungen Herzogssohn. Er ruht, in ein langes, in romanische Röhrenfalten gelegtes Gewand gehüllt, auf einem Kissen, ihm zur Seite der Eber, der ihn tödlich verletzte, zu seinen Füßen der treue Jagdhund. Als Zeichen seiner prinzlichen Würde ist dem Toten das Schwert in den Arm gelegt worden, doch seine Hand umfaßt das Hifthorn.
Keiler (Eber) und Hund im Stiftswappen sollen ebenfalls an die Gründungssage erinnern. Der Ochse im dritten Feld des Wappens weist auf die Fleischspende hin, die jeder Pilger am Todestag Tassilos (11. Dezember) bekam.
Die Jagdlegende von Wessobrunn, einem der bayerischen Urklöster, bezieht sich ebenfalls auf Herzog Tassilo III. Im Jahre 753 befand sich der noch junge Herzog nach der Schilderung der frommen Erzählung im Gebiet zwischen Ammer und Lech auf der Jagd. Im Rottwald stellte er dem Schwarzwild nach. Als er nachts im Zelt schlief, erschien ihm im Traum eine Himmelsleiter, an deren Spitze St. Petrus ein Hochamt zelebrierte. Zu Füßen der Leiter aber flossen aus drei Quellen die Wasser in Form des Kreuzes zusammen und bildeten so einen Brunnen. An einen Brunnen, der genau dem im Schlaf geschauten glich, führte anderentags den jungen Herzog der Jagdgehilfe Wezzo. Dies deutete Tassilo als Zeichen des Himmels, das ihn zur Gründung eines Klosters bewog, das dem Apostelfürsten geweiht sein sollte.
Die Toerrings, eines der ältesten und berühmtesten Adelsgeschlechter Altbayerns können ihr Geschlecht nach einer Aufzeichnung aus dem 11. Jahrhundert auf die oben beschriebene Begebenheit zurückverfolgen. Alvicus Torringer stand um 760 in Diensten des Herzogs Tassilo. Er war einer der beiden Jägermeister, die mit dem Bayernfürsten in den Wäldern zwischen Ammer und Lech jagten, als sich das Wunder von Wessobrunn zutrug. Mit Unterbrechungen bekleidete diese Familie das Amt des Jägermeisters im Herzogtum Bayern bis ins 18. Jahrhundert. Erst Kurfürst Max III. Joseph, der Vielgeliebte, schaffte im Königreich Bayern dieses Oberstjägermeisteramt ab.
Im Laufe der Geschichte, freilich erst 800 Jahre nach dem Tod des Klostergründers, ging der Name Wessobrunn noch einmal durchs ganze Abendland. »Die Wessobrunner« sagte man etwa ab 1600, wenn man tüchtige Baumeister und vor allem Stukkateure meinte, die in und um Wessobrunn ansässig waren.
Ein hervorragendes Beispiel dieser Kunst – über 600 Namen sind aus der »Gesellschaft der Stukkatorer« überliefert – ist der Gäste- oder Fürstenbau des Klosters. In dem U-förmigen dreiflügeligen Bau, den ab 1680 Johann Schmutzer schuf, befindet sich an der Südostecke die »Aula Tassilonis«. Dieser allgemein als »Tassilo-Saal« bekannte, um 1700 entstandene Raum erläutert dem Besucher, was unter dem »Markenzeichen« Wessobrunner Stuck zu verstehen

ist. Betritt man den Raum, so meint man das Laubdach eines Waldes über sich zu haben. Im wesentlichen sind es Akanthusranken, die den »Himmel« des Saales überziehen, soweit nicht runde oder mehreckige Felder für Bildkompositionen ausgespart sind. Die Bildfeldbegrenzungen bestehen aus Lorbeer- oder Eichenlaubbündeln. In diesem durch das ornamentale Rankenwerk gebildeten »Lauberwerk« ließen die Stukkatoren in Erinnerung an den jagenden Stifter das Wild vor den Hunden fliehen. Hochflüchtige Hunde mit breiten Halsungen hetzen durch das Akanthusgeschlinge den Hasen, den Fuchs, das Wildschwein und den Hirsch.

Der bayerische Jäger des Atomzeitalters, der heute häufig Angriffen aus den verschiedensten Richtungen ausgesetzt ist, mag gerade durch das Betrachten dieses Wessobrunner Stuck-Waldes die Jagd im Zusammenklang mit der christlichen Kulturauffassung erleben. Mit Sicherheit kann er dann bewußter und freier seiner Passion nachgehen!

Mit Herzog Tassilo, dessen Name sich noch heute im Oberbayerischen einer großen Wertschätzung erfreut, sind noch andere Klostergründer in Verbindung zu bringen, die sich auf eine Jagdlegende gründen. Mit einer solchen ist der Ursprung sowohl des Klosters Thierhaupten an der Ach im Lechtal (nördlich von Augsburg) als auch des Klosters Polling, südlich von Weilheim, verbunden. Von Polling heißt es in der altertümlichen Ausdrucksweise: »Tessilo hat das Wilt gejagd, das ist gefloh an die stat, die jetz und Polling haist. Da hat es geschart und weder Leut un Hunt ge(f)loh, da hat man eingegrab un gefu(n)d trew creuz.«

Diese Gründungsgeschichte sagt in näherer Verdeutlichung, Herzog Tassilo habe jagend ein Stück Rotwild »eine Hirschkuh« verfolgt. Das Rottier, dessen Bild das Klosterwappen ziert, habe sich gestellt und dabei – ohne Furcht vor Jäger und Hund – im Boden gescharrt. Auf diese Weise sei ein vergrabenes Kreuz zum Vorschein gekommen. Es soll sich um jenes Kreuz handeln, das im Pollinger Hochaltar als Gnaden- oder Tassilo-Kreuz aufbewahrt wird. Die Legende schildert ein Geschehen, das sich etwa um das Jahr 755 ereignet haben könnte. Das Kreuz, das von den Glaubigen sehr verehrt wurde, ist übrigens mit Pferdehaut überzogen, die man etwa um 1180 mit Wasserfarben bemalte.

Einem Keiler verdankt die Stadt Ebersberg bei München ihre Gründung. Wie Franz von Kobell in seinem »Wildanger« (1859) zu berichten weiß, bemerkte der jagende Graf Sighardus einen gewaltigen Keiler zwischen einem Felsen

Fürst auf Wildschweinjagd. Holzschnitt von Lucas Cranach

und einer riesigen Linde liegend, konnte ihn aber nicht fangen. Der Keiler kehrte mehrmals des Nachts auf denselben Platz zurück, und da er immer entkam, hielt man ihn für den Teufel. Konrad von Hewa verkündete, daß dieser Ort für den Gottesdienst bestimmt sei, und man erbaute um 1020 ein Kloster. Franz von Kobell, der Dichter und Wissenschaftler, schrieb in seinem erwähnten Jagdbuch »Wildanger«, das er seinem König Max II. gewidmet hat, weiter: »Die Klöster Thierhaupten und Metten sind auch durch Vermittlung der Jagd entstanden, das erstere wurde von Tassilo 750 infolge eines Gelöbnisses gestiftet, als er sich auf der Jagd verirrt hatte; Metten gründete Karl der Große, da ihn das Waidwerk mit dem Einsiedler Utto zusammenführte, von dem manches Wunder erzählt wurde. Karl versprach, ihm eine Bitte zu gewähren und Utto verlangte das Kloster, welches man erbaute und Utto selbst zum ersten Abt erhielt«.

Doch verlassen wir die Klostergründungen und Legenden, die etwas Licht in die an schriftlichen Quellen so arme Zeit bringen konnten, und kehren zur historischen Wirklichkeit: Tassilo, der etwa 742 geboren wurde, ist vermutlich 55 Jahre alt geworden. Aber sein Leben endete in Düsterkeit. Obwohl er dem fränkischen König Pippin dem Jüngeren den Treueeid geschworen hatte, versagte er diesem die Gefolgschaft, als es mit dessen aquitanischem Feldzug um die Unterwerfung ganz Galliens unter die Frankenherrschaft ging. Diese »Heeresverlassung« von 763 wendete Tassilos Schicksal ins Tragische. In der Kaiserpfalz zu Ingelheim wurde er 788, also immerhin 25 Jahre später, zum Tode verurteilt. Dadurch wurde es möglich, nicht nur Tassilo, sondern auch die im bayerischen Gesetzbuch verankerten rechtlichen Ansprüche der Agilolfinger auf die Herrschaft in Bayern zu treffen. Nachdem dies erreicht war, kam es auf die Vollstreckung des Urteils nicht mehr an und Tassilo konnte von Kaiser Karl dem Großen zur Klosterhaft »begnadigt« werden. Die Frankenkönige zogen damit das letzte der älteren Stammesherzogtümer, nämlich Bayern, in ihren Herrschaftsbereich ein. Tassilo wurde als Häftling Karls des Großen in dessen hochgeschätztes Kloster Lorsch (im hessischen Ried) gebracht, wo er, nach einem weiteren makabren Schauprozeß 794, in einem uns unbekannten Jahr starb. Sein Geschlecht traf ein ähnliches Schicksal. »Zuerst Herzog, dann König, zuletzt Mönch«, so faßt eine überlieferte lateinische Grabschrift die Tragödie des Besiegten zusammen.

Mit dem Aufblühen des fränkischen Königtumes zeigt sich nun, daß neben dem König ein neuer Grundbesitzerstand erwuchs und zwar durch Schenkung des Landesherrn an erobertem Land und durch Verleihung (=Lehen) von gerodetem und nicht gerodetem Gemeindegrund. Auf diesem neuen Grundbesitz erhoben sich die Großen des Reiches, die aus den Mitgliedern der königlichen Familie, den Herzögen und Grafen, den großen Vasallen und nicht zuletzt den Bischöfen und Äbten bestanden. Dabei gingen die Schenkungen und Lehen so weit, daß bereits mit dem 12. bis 13. Jahrhundert alles Land in festen Händen war.

Unter den Karolingern bildeten sich auch die Bannforste, und damit änderte sich das Bild der Jagd grundlegend. Durch »Inforestation« wurde ein bestimmter räumlicher Bereich zugunsten eines einzelnen, anfangs allein des Königs, sehr bald aber auch zugunsten aller Großen des Reiches, auf deren Wohlwollen die Krone angewiesen war, »gebannt«, das heißt, der Nutzung durch Dritter entzogen. Der Katalog der mit dem Bann verknüpften Vorzugsrechte variiert. Meist gehörte zu ihnen die hohe Gerichtsbarkeit, stets aber war damit das ausschließliche Jagdrecht für eine Anzahl jeweils aufgeführter Wildarten verknüpft. Es scheint, daß oftmals in erster Linie jagdliche Interessen der Anlaß zur Errichtung eines Bannforstes waren. Die stetig fortschreitende Auflösung der alten Markgenossenschaften und deren Umwandlung in gutsherrliche Verbände führte zur völligen Trennung des Jagdrechts von Grund und Boden. Im Bannbezirk war der Grundsatz des freien Tierfanges außer Kraft gesetzt. Zu den gebannten Tieren gehörten von Anfang an immer der Rothirsch und das Wildschwein bei deutlicher Tendenz zur Erweiterung der einbezogenen Wildarten. Gleichzeitig erfolgten Schutzbestimmungen für das gebannte Wild, beispielsweise durch Untersagung beunruhigender Eingriffe in den Wald oder durch das Verbot herkömmlicher Nutzungen wie der weitverbreiteten Waldweide. Mit der Aufteilung der bejagten Tierarten in gebannte und freie, wurde der Grundstein für die Begriffe »hohe« und »niedere« Jagd gelegt, die – wenn auch inzwischen inhaltslos geworden – bis in die Gegenwart fortwirken.

Der Vorgang der »Inforestation« war im 12. Jahrhundert im wesentlichen abgeschlossen. Bis zu diesem Zeitpunkt waren nahezu sämtliche weltlichen und geistlichen Herren des Reiches in den Genuß der mit einem gebannten Bereich verbundenen Jagdprivilegien gekommen.

So wurde etwa der sogenannte Salzforst – im wesentlichen die heutige bayerische Rhön – ursprünglich ein kaiserlicher Bannforst, im Jahre 1000 von Kaiser Otto III. an das Würzburger Erzbistum geschenkt. Hier unterstanden die Förster noch dem Hofrichter, dem »judex villae«, bis im Jahre 1291 ein eigenes Forstamt eingerichtet wurde mit einem Forstmeister an der Spitze. Die Förster, die bisher ihre Stellen erblich besessen hatten, wurden nunmehr durch adelige Höflinge verdrängt.

Die Könige hatten den Salzforst durch ihre Jäger bejagen lassen, doch bald nach der Belehnung des Bischofs trat die Scheidung in »Hohe und Niedere Jagd« ein. Die »Hohe Jagd« blieb dem Bischof vorbehalten, während die andere dem niederen Adel zugestanden wurde, insbesondere den bischöflichen Vasallen, den Vögten und Ministerialen.

Landeshoheit und Patrimonialstaat hatten den Bauern und Bürgern das Jagdrecht entzogen. Übertretungen, besonders wenn sie die »Hohe Jagd auf die fürtrefflicheren Tiere« betrafen, wurden rigoros und mit unvorstellbarer Härte bestraft. Besonders unrühmlich verfuhren die Würzburger Bischöfe. Dort wurde Schlingenstellern der rechte Daumen abgeschnitten, Fallensteller verloren den rechten Fuß und verwendete Netze wurden auf den Rücken der Delinquenten verbrannt.

Den Stadtbürgern und Markgenossen verblieb das Jagdrecht nur innerhalb ihrer Marken und dies auch nur, soweit es ihnen gelungen war, ihre Freiheit zu erhalten; denn wo die Mark unter Grundherrenschutz stand, war natürlich auch das Jagdrecht auf den Adel übergegangen und blieb dessen Privileg. Dieser Wandel zur Herrenjagd führte zwangsläufig zu einer Veränderung der Jagdtechnik. Entscheidend für die Errichtung von Bannforsten waren letztlich keineswegs wirtschaftliche Überlegungen, die zur Beschränkung der Nutzungsrechte Dritter führen sollten, sondern der Wunsch nach ungestörtem jagdlichem Vergnügen, sowie nach der Demonstration adeliger Vorrechte.

»Es ist das Jagen eine tapfere und ritterliche Übung und dem Adel gleichsam ein Praeludium belli, darinnen sie lernen ein wildes Tier mit List und Geschwindigkeit anfallen, bestreiten und fällen, zu Fuß und zu Pferde ihre Waffen und Gewehre geschicklich brauchen, Kälte, Hitze, Regen und Ungewitter sowol als der Sonnen heiße Srahlen ertragen und dulten, Durst und Abmattungen zu erleiden, die Gegend und Nachbarschaft von schädlichen, reißenden Tieren zu erledigen. Darum die Jagt von großen und berühmten Potentaten allzeit geliebt und getrieben worden; dann ist sie eine Gemütserquickung, eine Schwermutsvertreibung, eine Feindin des Müßiggangs und aller derer daraus entspringenden Laster, eine Ernehein der Gesundheit, Übung des Leibs, Vorspiel und Spiegel des Kriegs und eine gute und reiche Küchenmeisterin, die unsere Tafeln mit guten und herrlichen Speisen versorget«, (aus: Georgica curiosa oder Adeliges Land- und Feldleben, 1701).

Bis zu ihrer Blütezeit im Spätmittelalter hatte die Jagd ihre vollkommenste technische Entwicklung und Durchbildung im Kernland des ehemaligen fränkischen Reiches erfahren. Nicht daß die rechtsrheinischen germanischen Völker weniger jagdfreudig gewesen wären. Sie hielten jedoch – je weiter nach Osten, dem slawischen Siedlungsraum zu, desto mehr – viel länger an wirtschaftlich bestimmten Formen der Jagd fest. Ihre Sozialordnung und ihr Lebensstandard übten starken Einfluß auf ihr Verhältnis zur Jagd aus.

Graf Gaston Phöbus als Professor der Jagdwissenschaft. Zeichnung nach einer Miniatur des 15. Jahrhunderts, Pariser Nationalbibliothek

Die Gefahren auf der Jagd, insbesondere der Bären- und Sauhatz, finden ihren Niederschlag in vielen Sagen und mündlichen Überlieferungen. So erzählt man sich von Herzog Sigmund, der wie auch schon Kaiser Ludwig der Bayer die »purch« von Grunenwalt »ze iaid und anderer churztzweil« schätzte, folgende Geschichte: Einst hielt Herzog Sigmund, der im Rufe ungewöhnlicher Körperkraft stand, eine Jagd im Königswieser Forst im Würmtal ab. Nach einem erfolgreichen Jagdtag schlug man in der Nähe von Königswiesen das Nachtlager auf. Die Waidmänner schmausten und tranken und begaben sich zu später Stunde in ihre Zelte, um für den nächsten Tag wieder neue Kampfkraft zu schöpfen. Auch Herzog Sigmund legte sich zur Ruhe nieder. Er hatte kaum die Augen geschlossen, als im Lager ein ohrenbetäubender Lärm losbrach. Waffen klirrten und zwischen aufgeregt herumlaufenden und schreienden Menschen konnte man ein dumpf grollendes Gebrumm vernehmen.
Ein Knappe riß den Vorhang zum Zelt des Herzogs beiseite und rief entsetzt: »Herr kommt schnell, ein riesiger Braunbär verwüstet das Lager!« Sigmund hatte sich noch nicht von seiner Liegestatt aufgerichtet, als sich auch schon der angekündigte Meister Petz unwillig brummend ins Zelt schob. Waffenlos stellte sich der Herzog dem Bären entgegen und rang mit ihm mit seinen bloßen Händen. Endlich gab sich der Bär, den schlauen Finten des Menschen nicht gewachsen, geschlagen und trollte sich unmutig von dannen. Herzog Sigmund wischte sich den Schweiß von der Stirn und sagte zu seinem erstaunten Hofstaat: »So, der wäre draußen, da könnte ja jeder kommen!« (zit. nach Schnitzel, »Sagen vom Starnberger See«) Von der Bärenstärke dieses Wittelsbacher Schlages jener Tage kann man sich in der Münchner Residenz noch heute überzeugen. Im Durchgang zum Brunnenhof liegt ein riesiger Stein von »Dreyhundert Vier und sechzig Pfunt«.
Eine Tafel, die Maximilian I. aus der Neuveste hierher hat bringen lassen, gibt Zeugnis, daß Herzog Christoph – der Bruder Sigmunds – »Den Stein gehebt von freyer Erdt/Und weit geworffen ohngeferdt«.
Einer der wichtigsten Faktoren bei der Betrachtung der Geschichte der Jagd im allgemeinen, aber auch zum Verständnis der Jagdwaffen, Jagdutensilien und der Kunstwerke, ist neben der Gesellschaftsform die Technik. Es lassen

Herzog Sigmund. Geboren am 26. Juli 1439 in Starnberg. Gestorben am 1. Februar 1501 in Menzing. Regierte von 1460 bis 1467

sich waffentechnisch fünf Entwicklungsphasen unterscheiden, deren Übergänge natürlich fließend erfolgen:
Die hochmittelalterliche von ca. 1000 bis 1400
die spätmittelalterliche von ca. 1400 bis 1520
die renaissancezeitliche von ca. 1520 bis 1620
die barocke von ca. 1620 bis 1800 und
die neuzeitliche Phase ab 1800
Während der ersten Phase führte man neben dem Bogen, der bis ins 17. Jahrhundert eine beliebte Jagdwaffe blieb, die neuaufkommende Armbrust mit dem Holz- oder Hornbogen. Die Chinesen sollen eine Art Armbrust schon an die tausend Jahre vor unserer Zeitrechnung gebraucht haben, und bei den Römern kann man

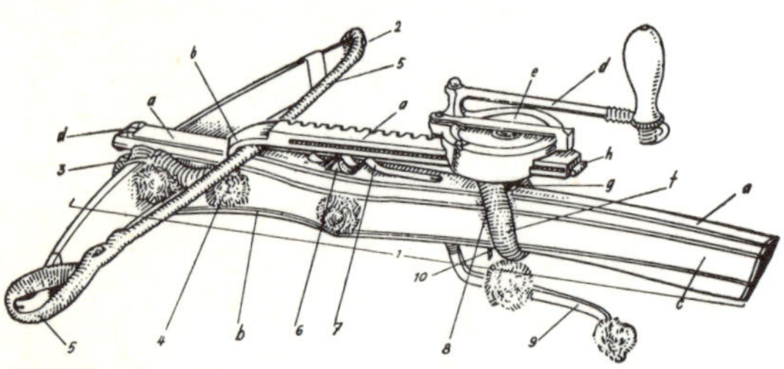

Armbrust mit Winde und Armbrustbolzen des 15. und 16. Jahrhunderts. Nach Hans Schedelmann »Waffen und Rüstungen«

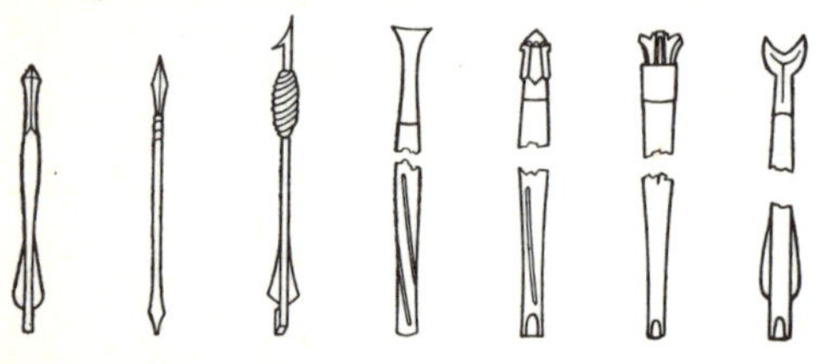

Armbrust:
Eine Säule, a Oberseite, b Unterseite, c Seiten, d Bolzenführung; 2 Stahlbogen; 3 Seilwerkverankerungen; 4 Aufputz; 5 Sehne; 6 Nuß, im Faden laufend; 7 Bolzenklammern; 8 Windenknebel; 9 Abzugsschutzbügel; 10 Drükker; 11 Stecher.

Winde:
a Zahnstange, b Krampe, c Gehäuse, d Kurbel, e Gehäusedecke, f Windfaden, g Gürtelhaken, h Zapfen

diese Waffe im 5. Jahrhundert nach Christi Geburt nachweisen. Im Mittelalter taucht die »arbalista«, wie das ursprüngliche lateinische Wort für Armbrust lautet – sie hat, wie man sieht, weder mit Arm noch mit Brust zu tun – zunächst im 9. Jahrhundert in Frankreich auf. Schon im 12. Jahrhundert findet sich die Armbrust aber in allen Wehrschaften der gewerbetreibenden Stadtbürger in ganz Europa, denen es weniger auf den ritterlichen Zweikampf als auf eine wirkungsvolle Distanzwaffe ankam. Nichts und niemand konnte der Verbreitung der handlichen Waffe mit der großen Zielsicherheit und der enormen Durchschlagskraft Einhalt gebieten. Vergeblich versuchten geistliche und weltliche Machthaber, den Gebrauch der Armbrust zu verhindern. So wurde schon im Jahre 1139 bei einem von Papst Innozenz geleiteten Konzil das Führen dieser Waffe im ritterlichen Kampf mit dem päpstlichen Fluch belegt. Lediglich zur Jagd ließ man sich das »tückische unritterliche Ding« gefallen.
Eine der beliebtesten Waffen bei der hochmittelalterlichen Jagd war der Sauspieß – auch Schweinsfeder genannt, an dem ebenso wie am Jagdschwert, ein Knebel zum Abhalten des wehrhaften Wildes – wie Bär und Wildschwein – angebracht war. Die Handhabung dieser Waffe wird in einem alten Jagdfachbuch mit dem Titel »Jagd-Lust« von 1711, in Nürnberg verlegt, beschrieben: »Es muß aber ein Jäger, der ein Schwein fangen und stechen will, also stehen, daß er mit der linken Hand den Spieß regiere, und mit der rechten nachdrucke, so muß er die Fuesse auch also setzen, daß der linke Schenkel unter linken Hand und der rechte unter der rechten Hand gar fest und unbeweglich stehe, und auf das Schwein dringe«.

In die hochmittelalterliche Phase fallen auch die Anfänge des jagdlichen Fachschriftentums. Der einem deutschen Ritter namens Guicen-

nans zugeschriebene, noch ins 13. Jahrhundert gehörige Traktat »De arte bersandi« behandelt die Pirschjagd, worunter man eine Treibjagd zu Pferde und zu Fuß auf eine bogenbewaffnete Linie von Schützen hin verstand.
Jagdliche Texte in den Nationalsprachen setzen bei den meisten europäischen Völkern nahezu gleichzeitig um die Wende des 13. zum 14.

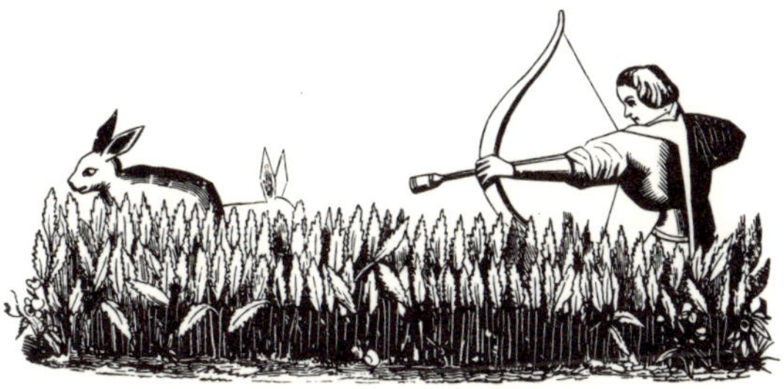

Hasenjagd mit Spezialpfeil, der den Balg nicht verletzt. Nach einer Miniatur in dem Gedicht des Gaston Phöbus. Handschrift des 15. Jh.

Jahrhundert ein. Einen hervorragenden Raum nimmt darunter das Buch »La Livre du Chasse« ein, das allgemein als »Gaston Phöbus« bekannt wurde. Das Werk hat Gaston III. Graf von Foix und Bearn (1331–91) – als Gaston Phöbus bekannt – geschrieben, und es stellt das erste ganz der Jagd gewidmete Buch dar. Gerade durch seine hervorragenden Illustrationen zeigt es ein sehr klares Bild von der damaligen Jagd in Europa. Natürlich sind Rückschlüsse auf die deutsche Jagd – speziell auf die von den Wittelsbachern ausgeübte – nur mit Vorbehalt zulässig. Unübersehbar sind jedoch die Traditionslinien, die von der keltischen Jagd zu den Karolingern und über Jahrhunderte bis herauf zur höfischen Jagd des Barock führen.
Die beherrschende Wildart war im Hochmittelalter neben dem Schwarzwild das Rotwild. Rehwild spielte nur eine untergeordnete Rolle. Dagegen war kleines Wild wie Hase, Dachs, Marder, Biber und Otter eine begehrte Beute. Gerade die Biber gehören ja zur bayerischen Fauna und wurden gern bejagt. Schon die bajuwarischen Gesetze des frühen Mittelalters erwähnen den »Piparhunt (Bibarhunt) qui sub terra venatur«, der unter der Erde jagt, das heißt, den Biber in dessen Burg aufsucht. Nach diesen Vorschriften hat, wer einen solchen Hund totschlägt, ihn wieder zu beschaffen oder den Frevel mit sechs Schillingen zu büßen. Franz von Kobell schreibt in seinem Wildanger, daß in der Fundation der Kirche zu Diessen am Ammersee vom Jahr 1229 »derselben das Jagdrecht auf wilde Tiere, Hirsche, Biber und Otter zustehe.«
Für die vermehrte Bejagung von Biber und Otter war – abgesehen vom Wert des Pelzes – seit der Christianisierung Mitteleuropas im 7. und 8. Jahrhundert ohne Zweifel maßgeblich, daß beide Arten als im Wasser lebende und damit den Fischen »verwandte« Tiere auch als Fastenspeise zugelassen waren.
Unter dem Raubwild nahm hinsichtlich der Intensitäten der Verfolgung der Wolf die erste Stelle ein. Ihm folgte , weit höher geschätzt, der Bär. Es waren vermutlich zunächst eher haus- und landwirtschaftliche Motive, die bei der Bejagung dieser Tiere ausschlaggebend waren. Gerade die Haustierhaltung in Form der damals üblichen Waldweide führte immer wieder zu explosionsartigem Anwachsen der Wolfbestände. Ein Beweis dafür ist, daß das Raubwild im hohen Mittelalter selbst in den Bannforsten – wo das Jagen längst nicht mehr für jedermann erlaubt war – als vogelfrei galt.
Das Zurückweichen der Bären in das Gebirge läßt sich anhand der vorliegenden Quellen fast Schritt um Schritt verfolgen. Auf dem Kramer, einem Gipfel westlich von Garmisch, war nach dem Werdenfelser Landrecht aus der zweiten Hälfte des 14. Jahrhunderts die Jagd frei mit Ausnahme des Rotwildes und des Rotfeder-

spiels (Jagd mit dem Wanderfalken). Unter dem Wild, das man dort frei jagen konnte, werden neben Gemsen auch Bären aufgeführt. In den Bergen südlich von Aibling, in der Gegend des Wendelsteins, waren die Bären gegen die Mitte des 15. Jahrhunderts nicht mehr Standwild, erschienen aber noch hie und da als wechselnde Gäste. Damals wurden die Jäger von den Bauern dieser Gegend gebeten, in die Berge zu kommen, wenn sich Wölfe Schweine und Bären zeigten, und dies sei, heißt es, ungefähr alle fünf oder sechs Jahre geschehen.

Demnach wäre Franz von Kobell in seinem »Wildanger« einem Irrtum erlegen, denn er vermutete, daß im mittelalterlichen Bayern der Bär – sogar in der Umgebung von München – noch häufig vorgekommen sei. Die Bestätigung dieser Vermutung sah er in einer Urkunde des Herzogs Johann von Bayern-München von 1395, worin die Klöster von den »Nachtselden« (Verpflichtung zur Beherbergung) der Jäger befreit werden. Der für alle Klöster des Münchner Teilherzogtums bestimmte Gunstbrief darf aber nicht so ausgelegt werden, als ob es damals in der Umgebung von München zahlreiche Bären gegeben habe, nur weil er uns aus dem Archiv des Klosters Schäftlarn überliefert ist. Dieses Mandat des Herzogs verbietet den herzoglichen Jägern, Forderungen an das Kloster Schäftlarn zu stellen, weder »in dem Schweingejayd, Perngejayd« noch bei einem anderen Gejaid. Unter diesen Forderungen verstand man im Mittelalter allgemein »die Nachtseld oder Nachtselde«, eine vom bayerischen Herzog den Kirchen und Klöstern auferlegte Verpflichtung, die Jäger und Falkner zu beherbergen und zu verpflegen. Daneben wird diese Bezeichnung auch schon für die Geldentschädigung gebraucht, die anstelle der Naturalverpflegung gefordert und später in der Regel als »Jägergeld«, anfangs auch »Jägergilt« bezeichnet wird.

Schon im 15. Jahrhundert aber wird neben dem Begriff »nachtseld« häufig auch das Synonym »nachtzil« gebraucht, wobei zweifelhaft bleibt, ob dabei an das für den Abend angestrebte Ziel gedacht war oder ob nur eine dialektische Umwandlung von »nachtselde« vorliegt (nach Rieder, »Nachtselden und Jägergeld in Bayern«). Fragen wir nach Sinn und Ursprung dieser Jägernachtselden, so stoßen wir zunächst auf die Nachricht eines bayerischen Chronisten, die darüber Aufschluß zu gewähren scheint. Veit Arnpeck (1435/1440 † 1495) berichtet in seiner Chronik: »Herzog Ludwig (der Bärtige von Bayern-Ingolstadt) belegte die Klöster und alle geistlichen Güter in seinem Land gar schwer mit Jägern und Falknern nach französischer Sitte. Er hatte auch im letzten Krieg den Klöstern viel Zins und andere Güter genommen, was die Prälaten nicht dulden wollten. Darum zogen sechs Klöster, Scheyern, Fürstenfeld, Indersdorf, Angerkloster zu München, Geisenfeld und Hohenwart den Fürsten vor das geistliche Gericht (das Baseler Konzil) und urteilten, daß er gegen König Karls Willen gefrevelt habe; sie belegten ihn (1433) mit dem Bann, darin er sein Lebtage blieb. Sie verkündeten den Bann von Baiern bis gen Budapest auf Veranlassung der anderen Herren von Baiern. Doch besaß und behielt Herzog Ludwig mit Gewalt die Klöster, solange er regierte . . .«

Es ist unverkennbar, daß Herzog Ludwig der Bärtige (* 1365, † 1447) von seinem langjährigen Aufenthalt am französischen Hof die Neigung zu Prunk und Aufwand nach Bayern brachte. So ist es nicht verwunderlich, daß er die Untertanen seines Teilherzogtumes bald nach französischem Muster verwaltete und besteuerte und daß auch bestimmte Einrichtungen und Jagdsitten von dort entlehnt wurden. Daß am französischen Königshofe das Jagdwesen intensive Pflege fand und mit besonderem Aufwand betrieben wurde, ist bekannt. Andererseits haben auch gerade die französischen Regenten schon zu Ende des 12. Jahrhunderts das Herbergsrecht am intensivsten als Einnahmequelle genutzt.

Ähnliche Zeugnisse sind aus Deutschland zu diesem frühen Zeitpunkt noch nicht bekannt, doch zeigt eine nähere Betrachtung, daß die Einrichtung der Jägernachtselden in den Klöstern und beim Klerus nicht erst von Herzog Ludwig dem Bärtigen aus Frankreich entlehnt sein kann. Nach urkundlicher Erklärung Herzog Ludwigs von 1418 sind nämlich die Jägernachtselden altes Herkommen. Demgegenüber seien die an ihrer Statt eingerichteten Geldabgaben auf folgende Weise entstanden: Des Herzogs Jägermeister, seine Jäger und Falkner hätten ihn, Ludwig von Ingolstadt, gebeten, ihnen Briefe mitzugeben, die sie ermächtigen, auf allen Klostergütern, Pfarrhöfen und dem Herzog vogtbaren Gütern in seinen Landen Nachtselden zu nehmen, »wie das von Alter Herkommen sei«. Er aber habe bedacht, daß die Jäger auf Grund einer derartigen allgemeinen Vollmacht ein Gut mehr als das andere beschweren könnte und daher die zu Nachtselden Verpflichteten fragen lassen, ob sie nicht lieber statt einer Nachtselde zehn Schillinge jährlich bezahlen wollten. Die Mehrzahl der Befragten habe das bejaht, und so sei sein Jägermeister angewiesen worden, nach Aufstellen eines »Registers« von den Betreffenden die Gelder einzunehmen, bei den übrigen aber jährlich eine Nachtselde und nicht mehr zu nehmen. Die Beamten seien angewiesen worden, diese Gelder für die Nachtselden getreu zu erheben, aber auch den Jägern behilflich zu sein, daß sie zu ihren Nachtselden kommen, damit der Herzog bei seinen Hoheitsrechten und seinem Wildbann bleibe, wie das von seinen Vorderen an ihn gekommen sei. Überforderungen seitens der Jäger würden mit schwerer Ungnade des Herzogs und mit unnachsichtiger Strafe an Leib und Gut bedroht. Angesichts der erfolgreichen Klagen der Klöster, die den Grund für den lebenslangen Kirchenbann des Herzogs darstellten, überrascht der Inhalt sowie der wohlwollende Ton dieser Urkunde. Es stellt sich die Frage, ob die herzoglichen Jäger trotz der Drohungen ihres Fürsten ihre Befugnisse überschritten, oder ob die von den Klöstern geschilderten Vorgänge, wie sie der bayerische Geschichtsschreiber Veit Arnpeck beschrieb, übertrieben waren. Man wird sich für das erstere entscheiden, aber sehr schnell erkennen, daß schon die ungenügende Definition dessen, was die Leistung einer »Nachselde« beinhaltet, leicht maßlose Forderungen der Jäger und Beschwerden der Klöster hervorgerufen haben mochte. Noch auf dem Ausschußtage des Landshut-Ingolstädter Landes zu Landshut 1501 beschwerten sich die Prälaten sehr »von wegen der Jäger und Falkner, die sich bei den Klöstern mit Essen und Trinken nicht begnügen lassen wollen und sich fast (sehr) grob halten«.

Mit der gewöhnlichen Kost der Geistlichen nämlich wollten sich diese Leute nicht begnügen, »sondern an einem Fleischtag und anderen Tägen, die man nicht fastet, muß man ihnen zu fünfmalen zu essen und trinken geben und an einem Festtag Essen und Trinken und außerhalb des Mahls zweier zu trinken«.

Eine sicher ursprünglich freiwillige Leistung – die Beherbergung eines Gastes – wird auf Grund eines von den Nutznießern behaupteten Gewohnheitsrechts zu einer erzwungenen Verpflichtung. Jahrhundertelang wird dieses Hoheitsrecht von den bayerischen Herzögen und Kurfürsten beansprucht oder großmütig aufgehoben. Noch Kreittmayer, der bayerische Jurist und Staatsmann (* 1706, † 1790), sagt: »Die Exzesse und vielfältigen Praktiken, welche durch diese Leute gespielt werden (er meint die landesherrlichen Jäger), sind auf keine Kuhhaut zu beschreiben«. Erst im Jahre 1808 in Zusammenhang mit der großen Steuerreform erfolgte die gesetzliche Aufhebung des Nachtziel (sic) – oder Jägergeldes in Bayern (K. Bayer. Regierungsblatt 1808).

Die spätmittelalterliche Jagd bis Kaiser Maximilian I.

In der zweiten Entwicklungsphase der Jagd in Bayern, der spätmittelalterlichen (ca. 1400 – 1520), hat sich an der grundsätzlichen Jagdausrüstung wenig geändert. Waren die früheren Armbrustbogen aus Holz und dann später im 13. Jahrhundert aus vielen übereinandergeleimten Hornplatten gefertigt, so erhielt die Armbrust jetzt einen Stahlbogen, der nur mittels einer Zahnstangenwinde gespannt werden konnte. Mit dieser neuen Waffe konnte der Schütze natürlich größere Schußweiten erzielen, mußte aber bei Kälte damit rechnen, daß der Bogen beim Spannen zerspringen konnte. Daher rät Kaiser Maximilian I. (1493 – 1519) in seinem »Geheimen Jagdbuch«, im Winter die Hornarmbrust wegen deren Frostunempfindlichkeit und im Sommer den Stahlbogen zu führen. Kaiser Maximilian, der »letzte Ritter«, der mit Recht als der größte Jäger aller Zeiten bezeichnet wird, war einer der ersten Jäger, die im Jagen das Naturerlebnis und das sportliche Kräftemessen suchten.

Jagdwappen Kaiser Maximilians I.

Der »große Waidmann«, wie sich Maximilian im »Geheimen Jagdbuch« zu nennen pflegt, hat übrigens in Bayern das Jagen erlernt. Von Jugend an fühlte er sich in Schwaben heimisch. Bald nach dem Augsburger Reichstag von 1474 hatte ihn sein Vater der Obhut des Augsburger Fürstbischofs Johannes Graf von Werdenberg anvertraut. Nahezu ein Jahr verbrachte der geistig ungewöhnlich rege fünfzehnjährige Erzherzog in den Schlössern zu Dillingen und Günzburg, wo er meist seiner Lieblingsbeschäftigung, der Jagd, nachgegangen zu sein scheint.

Johann Jakob Fugger berichtet im »Spiegel der Ehren des Erzhauses Österreich«, Maximilian habe die fürstliche Übung der Jagd mit so großer Emsigkeit und Lust erlernt, daß ihm alle Ritte, Steige, Klingen, Forste, Wälder in der Markgrafschaft Burgau und im ganzen Gebiet zwischen Lech, Iller, Donau, Altmühl trefflicher bekannt waren als selbst den Einheimischen.

Ein markanter Punkt in Tirol, die Martinswand bei Zirl, hält die Erinnerung an den Kaiser auch heute noch wach. Jedes Kind kennt dort die Sage, nach der sich Maximilian im Jagdeifer in der steilen Wand verstiegen habe und auf wunderbare Weise von einem Engel aus Todesnot errettet worden sei. Der wahre Kern dieser Sage scheint im 20. Kapitel des »Theuerdank« – einem Versepos über die Brautfahrt Maximilians zu Maria von Burgund – eine Parallele zu finden: »Fürwittig« (Fürwitz der Jagd, eine allegorische Figur) lockt den jungen Herrscher in ein riskantes Jagdabenteuer mit der Versprechung, viele Damen des Hofes würden die Jagd vom Tal aus verfolgen. Theuerdank versteigt sich hoffnungslos und gibt sich schon fast verloren, »aber im half der ewig Gott daß er mit dem Fuß wider haftet, da er in setzt wider«.

Maximilian ist selbst der bedeutendste und auch erfolgreichste Gestalter seines Nachruhmes gewesen. In umfangreichen literarischen Werken, mit reichen Illustrationen versehen, hat er sein Andenken verewigt. Das schönste Werk des Kaisers und eine bibliophile Kostbarkeit ist der erwähnte »Theuerdank«. Der gleichnamige Held ist ein junger Fürst, der »auf Abenteuer denkt, der von Jugend auf all seine Gedanken auf teuerliche Sachen gerichtet hat« (Schack, Der Kreis um Maximilian I.). Hinter der Hauptfigur dieses allegorischen Versepos verbirgt sich kein anderer als Maximilian selbst. Theuerdank wird frei von drei feindlichen Gestalten, nämlich Fürwittig (Vorwitz und jugendlicher Übermut), Onfallo (Unfall und feindliches Mißgeschick) und Neydelhardt (Neid und Haß der Menschen) in die verschiedensten Gefahren verwickelt. Aber der treue Begleiter Ernhold wacht über das Leben seines jungen Herrn.

Schaujagd auf Gemsen. Holzschnitt aus dem »Theuerdank«

Der kaiserliche Silberkämmerer Sigmund von Dietrichstein, der Geheimsekretär Marx Treitzsaurwein von Ehrentreitz und als endgültiger Gestalter des Textes Melchior Pfinzing waren mit der Erstellung nach den Vorstellungen des Kaisers beschäftigt. Die 118 Holzschnitte stammen von Leonhard Beck, Hans Schäufelein, Hans Burgkmair und von vier weiteren unbekannten Künstlern. Konrad Peutinger in Augsburg, mit dem der Kaiser auch sonst in freundschaftlichem Verkehr stand, führte die geschäftlichen Verhandlungen. Alle Illustrationen des »Theuerdank« wurden 1512 bis 1515 in Augsburg unter Leitung des virtuosen Holzschneiders Jost de Negker in die Holzstöcke geschnitten.

Die ganze Auflage des prachtvollen Werkes, das Hans Schönsperger in Nürnberg druckte, sollte zunächst in Truhen verwahrt und erst nach dem Tode des Kaisers der Öffentlichkeit übergeben werden. Nur einzelne Exemplare sind zu Lebzeiten an einen kleinen Kreis bevorzugter Personen geschenkt worden. Neben der Jagd auf den Steinbock schätzte Maximilian die Gemsenjagd am meisten. Sie galt als »extreme venatio«, als »Königin des Weidwerks«, denn sie forderte den Ehrgeiz und den Mut des Jägers am meisten heraus. Das Erlegen der Tiere geschah durch das »Ausfällen« oder »Auswerfen«. Die Gemsen wurden durch Gamshunde gejagt und flüchteten dabei auf schwer zugängliche Felsvorsprünge, um sich dort vor ihren Verfolgern in Sicherheit zu bringen. Der Jäger versuchte nunmehr, an die Gemsen heranzuklettern und sie mit einem viereinhalb Klafter langen Jagdschaft aus der Wand zu stechen. Dieses »Ausfällen« der Gemsen ist eine uralte Methode, die sich bis ins 17. Jahrhundert erhalten hat (nach Wendt, »Kultur und Jagd«). Um das seitliche Ausbrechen des Wildes zu verhindern, wurde der Trieb durch Hecken und Netze eingegrenzt, sofern nicht die Bergwände selber diese Funktion erfüllten.

Ein Jagen, das der Kaiser besuchen sollte, mußte natürlich bequem zugänglich sein. Nach Möglichkeit verwendetet man zum Anmarsch das Saumroß – ein Pferd, das ein oder zwei Jahre Erz im Gebirge getragen und dabei eine entsprechende Trittsicherheit gewonnen hatte. Es wird immer wieder angegeben, daß der Landesfürst »auf das pirg reiten und zu den wenden geen mag«. Bei der Jagd am Achensee etwa konnte der Kaiser »zu den wenden geen, auch auf dem Achensee zu solchem gjaid fern und lustig sehen daran haben«.

Der Gamsjagd und ihren Vorbereitungen widmete der Kaiser sogar ein Kapitel seines »Geheimen Jagdbuches«. Detailliert wird die Kleidung des Jägers beschrieben: Ein grau-grün gevierteiltes Wams mit enganliegenden Ärmeln, vorne ein Schlitz für das Sacktuch und ein Fleck aus Scharlach gegen die bösen Winde; eine enge Hose, damit man nicht hängenblieb, Schuhe mit Rändern gegen hineinfallende Steine, eine Hirnhaube gegen Steinschlag, die bei Hitze gegen ein »Pfauenhütl« ausgetauscht werden konnte, oder gegen ein »Hütl« aus Wolle mit einem Band unterm Kinn gegen den Wind. Zweierlei Handschuhe sollten mitgenommen werden: solche, die am Schaft haften, und wollene gegen die Kälte. Auch wollene Gamaschen und Steigeisen wurden vorgeschlagen. Die Waffen bestanden aus einem Jagdschwert, auf dem sich ein »Tillmesser« befand, einem Jagdschaft, der viereinhalb Klafter lang sein mußte, und der Armbrust. Eine »kleine Butte« mit Gebratenem, Früchten, Käse, Brot und gutem Wein sorgte für das leibliche Wohl. Für den Ansitz empfiehlt der Kaiser »kleines gruens hüttl und ain geschraufften sessel« mitzunehmen, »damit du ruen magst, pis das gejaidt kumt, so magst du auch das Wasser in der hütten haimlich abschlagen, damit es niemandt sieht«.

Ein weiteres Dokument der Jagdleidenschaft, vor allem auch der höfischen Kultur des späten Mittelalters, stellt der »Weißkunig« dar. Das Werk ist das Gegenstück in Prosa zum »Theuerdank«. Wie dort sind auch im »Weißkunig«, dessen Text ebenfalls der Geheimschreiber Marx Treitzsaurwein von Ehrentreitz nach Diktaten und Anweisungen des Kaisers geschrieben hat, alle Eigennamen allegorisierend verhüllt: Maximilian selbst ist der »weiße König«.

Im Freydal – eine zum »Theuerdank« gedachte Einleitung, die des Kaisers »Turniere und Mummereien« beschreibt – wird berichtet: »Er liebte die weiss Farb für ander, dann die weiss Farb

Der junge Weißkunig erlegt mit dem Stahlbogen eine Gemse. Holzschnitt aus der in Prosa abgefaßten Biographie Kaiser Maximilians, dem »Weisskunig«

soviel bedeutet als durchleuchtig, schön, lauter und pur mit tun und lassen« (Schack, Der Kreis um Maximilian I.). So weist der Titel dieser Selbstbiographie, die halb Chronik, halb Roman ist, auf die weiße Rüstung, die der Kaiser in Turnier und Schlacht zu tragen pflegte. Die Bedeutung von »weiß« und »weise« spielen in diesem Namen ineinander.
Spricht man von der Jagdleidenschaft des Kaisers Maximilian, so dürfen auch dessen Bemühungen um die Hege des Wildes nicht vergessen werden. Im »Weißkunig« werden als gehegtes Wild genannt: Hasen, Murmeltiere, Schweine, Gemsen, Steinböcke und Hirsche. Durch seine Hege hat er damals noch den Steinbock – der dann doch im 18. Jahrhundert in Tirol ausstarb –, vor der Ausrottung bewahrt. So pachtete er 1505 das berühmte Steinbockrevier in der Floite und der Gungl im Zillertal, denn »es wäre schadt gewest das dieselben thier ausgeödt (ausgerottet) worden sein sollen, darum sollte ein jeder Kunig auf die edl thier, die stainpöck, das dem adl zugeben ist, sein aufmerken haben«.
Maximilian war auch der erste Kaiser, der sich als Jäger »von Wasserfarben auf ein Tuech im Jägerhabit mit einem Palaster (Armbrust) und einem Pfeil darauf« porträtieren ließ. Das Gemälde in der Fragsburg bei Meran ging leider verloren. Dieser deutsche König und »erwählte römische Kaiser«, dessen höchste Freude es war, »den Gembs vor soviel schönen Frauen zu fellen ohne allen Grauen«, beanspruchte auch den von seinem Vorfahren Herzog Rudolf dem Stifter erfundenen Titel eines Erzjägermeisters des Heiligen Römischen Reiches, den er 1512 in die Privilegien des Hauses Habsburg aufnehmen ließ.
Die Jagdleidenschaft dieses großen Habsburgers führte auch zu einer weiteren Kultivierung des Waidwerks. Waren die Verzierungstechniken der Jagdwaffen im Hochmittelalter noch einfach gewesen – schlichte Bemalung und Bein-und Horneinlegearbeiten waren beliebt – so kam im Spätmittelalter die Metallätzung dazu. Vor allem die schweren, unhandlichen Zahnstangenwinden aus Eisen versuchte man damit künstlerisch aufzuwerten.
Überhaupt war das 14. und 15. Jahrhundert eine Zeit der Hochblüte der ritterlichen Jagd. Die Hege und Jagd galt in erster Linie dem Rotwild, das hauptsächlich noch in den Fluß- und Auwaldungen, in den Moorgebieten und den Waldkomplexen lebte. Im Gebirge stand es damals nur im Sommer! Die Gebirgswaldungen waren ja fast vollständig in der Hand der Klöster, die diese damals menschenleeren Gebiete kultivierten. Bekannt sind die großen Wildbänne der Bischöfe von Freising, Augsburg und Würzburg, aber auch die meisten anderen bayerischen Klöster hatten ihren eigenen Wildbann, und manche unterhielten auch eigene Jäger. Schon in der Stiftungsurkunde für Innichen (770) wurden diesem Kloster von Herzog Tassilo auch die »venationes« übertragen. Sogar die Äbtissin des Frauenklosters Chiemsee hatte nach den Hofmarksrechten des Klosters im Gebirg »ir freies gejaid von hin hintz gen München an die maur « und im Leukental die Jagd auf Hasen, Füchse und anderes Wild, ohne das Rotwild »wie in allen ihren Hofmarken (Riezler, »Nachtselden und Jägergeld in Bayern"). Auch die Klosterjäger von Benediktbeuern hatten die hohe Jagd, und dem Kloster Steingaden bewilligte Herzog Ernst 1438, daß es ewig seine eigenen Jäger und Hunde haben und damit in einem näher bezeichneten »Refier« um das Kloster jagen dürfe.
Zwar kamen die geistlichen Herren und ihre Jäger durch Stifterbriefe oder besondere Verleihungen von Jagdrechten auch in den Genuß der hohen Jagd, aber die bayerischen Herzöge dürften die größten Strecken an Rotwild erlegt

haben. So wird von Herzog Heinrich dem Reichen (* 1386, † 1450) berichtet, daß er bei seinem Regierungsantritt nicht nur die Abgaben der Bürger in Landshut erhöht, sondern auch die Landbewohner schikaniert und tyrannisiert habe. Unter anderem verbot er den Bauern, Rot- und Schwarzwild (Hirsche und Wildschweine), das die Felder zerstörte, zu schießen. »Der Herr hett groß lieb zu den rotten Wild und ließ das gar wenig vahen, darumb ward des Wild's gar unsäglich vil, das denn Leuten reich und armen vil schaden davon geschah an irem traid« (Ernst,»Geschichte der Jagd«).

Diese Überhege des Schalenwildes und das Legen des Wildbannes vorzugsweise auf Rotwild und Schwarzwild hatte seine Ursache nicht allein in der Jagdlust des Fürsten, sondern auch in der Schwierigkeit der Fleischbeschaffung. Durch die schwachen Leistungen der Landwirtschaft und Viehzucht wurde es immer schwerer, für das zahlreiche Personal der Höfe das nötige Fleisch zu beschaffen. Schwierig war die Durchfütterung größerer Herden im Winter, und daher wurde der ganze verfügbare Haustierbestand, der nicht zur Nachzucht reserviert werden mußte, im Herbst geschlachtet und eingesalzen – die einzige Konservierungsmöglichkeit. Den Bediensteten setzte man Salzfleisch vor, die Herrschaften selbst bevorzugten natürlich frisches Fleisch, Wildbret, Geflügel und Fisch. Zuweilen kam es vor, daß die Jagd zu ergiebig gewesen war, als daß die ganze Strecke vom Hofe selbst hätte verzehrt werden können, auch die Fässer reichten zum Einsalzen nicht aus. In solchen Fällen war die adelige Verwandschaft allzeit eine freudwillige Abnehmerin und glücklich über eine Sendung frischen oder eingemachten Wildbrets. Wenn auch die Verwandschaft versorgt war, erinnerte man sich des Bürgers, der nun für gutes Geld in den herrschaftlichen Läden Geflügel und Wildbret erstehen konnte. Im ehemals herzoglichen, kurfürstlichen, königlichen Zerwirkgewölbe in der Ledererstraße in München, das schon 1264 erwähnt wird, kann der Bürger übrigens auch heute noch Wild kaufen. Natürlich nicht mehr durch eine adelige Büchse oder Flinte erlegt, sondern meist aus Ungarn, Polen oder einem anderen wildreichen Land importiert, denn die heimischen Wälder können den Wildbedarf der Bevölkerung längst nicht mehr decken.

Die Überhege des Wildes und der feudale Jagdbetrieb erforderten in zunehmendem Maße spezialisierte Hilfskräfte in unterschiedichen Dienststellungen. Dieses Berufsjägerkorps hatte die Aufgabe, die Hofjagden auszurichten und zu leiten, vornehmlich aber war es seine Aufgabe, die ausgedehnten fürstlichen Reviere zu bejagen und die Wildkammern zu füllen. Für diesen Zweck wurden die fürstlichen Jäger regelmäßig abkommandiert.

Der Herzog von Bayern – Ingolstadt, Ludwig der Bärtige, hielt im Jahre 1418 zwei berittene Hirschjäger mit zehn Knechten zu Fuß, einen Birscher zu Roß, einen Windhetzer zu Roß und fünfzehn Hinterhetzer, die das Wild von der Grenze in die Wildfuhr hineinhetzen mußten (Roth, »Geschichte des Forst- und Jagdwesens«). Unter Wildfuhren verstand man sechs bis acht Fuß breite, von Gras und Astwerk gereinigte Streifen, auf denen das darüber wechselnde Wild seine Fährten möglichst rein abdrucken konnte. Der Jäger überprüfte dann auf diesen meist noch mit eisernen Rechen aufgerauhten Stellen, wieviel Wild und von welcher Art ein- und ausgewechselt war.

Die elitäre Stellung des Berufsjägerkorps fand spätestens seit der Zeit um 1400 ihren Niederschlag in der Ausbildung Hunderter von Weidsprüchen, die vornehmlich in Frage und Antwort gekleidet, als Nachweis der fachlichen Qualifikation dienten. So hatten, wie Franz v. Kobell schreibt, die alten Jäger 72 Kennzeichen

Holzschnitt aus dem »Neu Jägerbuch« von Jacoben von Fouilloux 1590

des Hirsches. Die wichtigsten davon führt er in seinem Wildanger an, von denen hier einer zitiert sei:

Ho ho ho, mein lieber Waidmann, unveracht,
Sag mir an: was hast du vor sieben Hauptzeichen betracht?
»Jo ho ho, mein lieber Waidmann rund,
Den Zwang und Ballen thu' ich dir kund,
Woraus der Burgstall klar sich findet,
Der Abtritt (des Gases), dessen Grüne oder Welke sich damit verbindet.

Der Schrank und der Schritt
Die Oberrücken mit,
Hierdurch bei schnellem Fliehen,
Als auch bei sachtem Ziehen
kann ich den edlen Hirsch erkennen
Und auch nach seiner Gütz nennen.

Diese Weidsprüche wurden seit dem 16. Jahrhundert von einer bis in die Gegenwart fortwirkenden jagdlichen Standessprache mit stark esoterischem Charakter abgelöst. Ihr fachlicher Sektor wurde von den Veränderungen der jagdlichen Technik bestimmt, ihr standessprachlicher Anteil dagegen ist eine Folge der Rechtsentwicklung (Lindner, »Deutsche Jagd«).
Eine jagdliche Sonderstellung war die unerläßliche Voraussetzung für die Entstehung und Ausbreitung von Wörtern wie beispielsweise Licht, Lecker, Lauscher, Träger, Spiegel oder Blume für Körperteile einer Wildart. Die mit diesen Rechten Begabten, die Standesverbundenen, die ihre elitäre Stellung zu betonen wünschten, waren die Schöpfer und Träger dieses Vokabulars. Verstöße gegen die Sprache ahndeten sie durch die oft scherzhaft verhängte Strafe des »Waidmesserschlagens«. Der auch als »Blattschlagen« oder »Pfundegeben« genannte Vorgang ist in vielen alten jagdlichen Aufzeichnungen festgehalten. Er wurde ursprünglich mit dem Waidmesser ausgeführt. Der »Lehrprinz« ein 1751 in Augsburg erschienenes Jagdlehrbuch, schreibt dazu: »Pfund heisset ein Schlag, der einem, der sich in den weydmannischen Redensarten, oder sonst auf einem Abjagen, verbleft hat, mit dem Weydmesser auf den Hintern gegeben wird: welches eine lustige Strafe bey der edlen Jägerey ist.«
Das Pfundegeben unterlag sogar einem festen Ritual: »Wan man ainen Waidmann umb dergleichen Verspröchen wil mit dem Waidmösser strafen, so sol man in lassen zu einer Pankh, oder zu einem umbgefallenen Paumb, Stokh, Pichele oder Stain niderknien lassen ... ime das Waidmösser zu jeder Erzöllung aines begangenen Fals zümblich empfindlich auf den Arsch schlagen.« So schrieb Martin Strasser von Kollnitz in seiner im dritten Jahrzehnt des 17. Jahrhunderts entstandenen Handschrift.
Wie unterschiedlich jedoch Jagdbräuche mit dem gleichen Sinngehalt ausgeführt wurden, zeigt eine andere Schilderung. In dieser Beschreibung – sie stammt aus einem Lehrbuch

der Jagd, das 1852 erschien – muß sich der Jagdsünder über einen Hirsch oder eine starke Sau legen und bekommt, je nach Höhe seines Ranges, entweder vom Chef der Jägerei oder von einem Forstmeister drei Pfunde (Streiche) mit dem blanken Hirschfänger auf den Hintern. Beim ersten Streich ruft der Aufzählende: »Ho,ho; das ist für den gnädigsten Fürsten und Herren!« Beim zweiten: »Ho, ho; das ist für den Ritter und Knecht!« Und beim dritten: »Ho, ho; das ist das edle Jägerrecht.« Während dieser Zeremonie ertönte Jagdmusik, und die im Kreis versammelten Jäger mußten die rechte Hand an den zwei Zoll aus der Scheide gezogenen Hirschfänger legen. Nach dem Akt des »Blattschlagens« hatte sich der Bestrafte durch eine Verbeugung gegen die Jagdgesellschaft zu bedanken.

In dem erwähnten, in Augsburg erschienen »Lehrprinz« von 1751 wird sogar die Behandlung von Damen erläutert, die wegen irgendwelcher Ausrutscher in der Waidmannssprache und in waidmännischen Handlungen scherzhaft bestraft wurden: »Ist nun die Person eine vornehme Dame, so macht sich der Fürst selber das Vergnügen, solche Strafe an ihr zu vollziehen.« Mußte es sich der männliche Delinquent gefallen lassen, daß ihm vor der Strafe die Jäger die Rockzipfel und Hosen fein glatt strichen, so wurde der adeligen Dame vom Hofjäger persönlich »das Oberkleid und Reifröckgen auf den Rücken gelegt«.

Der Uneingeweihte wird diese recht kindlich anmutenden Bräuche aus alter Zeit belächeln. Für die Grünröcke früherer Generationen waren sie aber eine gute Gelegenheit, die überlieferte Jagdkultur ohne Rücksicht auf Stand und Ansehen hochzuhalten. In heutigen Zeiten, in denen Sitten und Sprache des Waidmannes häufig nicht mehr draußen in Wald und Feld praktiziert, sondern in Jägerkursen gebüffelt werden, ersetzt das »Jagdgericht« das »Pfundegeben«. Es tritt nach Schluß der Gesellschaftsjagd zusammen, sobald der letzte Teller vom »Schüsseltreiben« abgeräumt ist. In einer Verhandlung, bei der wie vor Gericht ein Ankläger, ein Richter und ein Verteidiger auftreten, werden Jagdvergehen des Jagdtages geahndet. Die Strafe richtet sich nach der Schwere des Vergehens und nach den Vermögensverhältnissen des Angeklagten, denn sie wird nicht mehr mit dem blanken Waidblatt oder Hirschfänger verabreicht, sondern muß in barer Münze in die Jagd- oder Treiberkasse abgeführt werden.

Die Jagd der Renaissancezeit – die Feuerwaffe und ihre Auswirkungen

In der Renaissance (ca. 1520 – 1620), in der außer der Armbrust noch der Schnepper, eine leichte, kugelschleudernde Armbrust speziell zur Vogeljagd gebraucht wurde, erscheint zum erstenmal das Feuergewehr als Jagdwaffe.

Auf Grund der schwierigen Hand- und Luntenzündung fanden die ersten Feuerwaffen, die zu militärischen Zwecken bereits im 14. Jahrhundert geführt wurden, sicher kaum Verwendung auf der Jagd. Noch in bayerischen Verordnun-

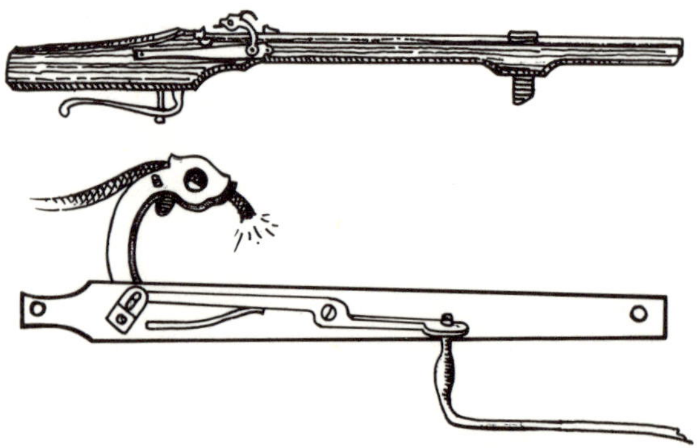

Luntenschloßgewehr (Hakenbüchse) und Luntenschloßsystem

gen von 1493 wird den Wilderern angedroht, ihre Armbrust zu beschlagnahmen, und 1498 erwähnt ein Bericht des Landgerichts Schongau das Schießen der Hasen, Eichhörnchen und Vögel mit der Armbrust.

Rangstreit zwischen zwei Büchsenmachern. Radierung von Jost Amman, 1539–1591

Auch Kaiser Maximilian gab seiner Armbrust noch den Vorzug und ließ folgende Begebenheit auf der Gamsjagd niederschreiben: »Der Kunig het bei Ihme gar einen gueten puxenschutzen, mit namen Jorg Purgkart, der kundt mit der hantpuxen insonderhait wol schiessen, Also hieß der kunig denselben, Er solle mit seiner puxen denselben Gembspokh schiessen, darauf gab er dem kunig Antwurt, der Gemspockh stund zu hoch und möcht den mit der puxen nit erreichen, da nam der kunig seinen Stachlinpogen (Armbrust) in sein handt und sprach secht (seht) auf, Ich will den Gembspokh mit meinem Stachlin pogen schiessen und erschoß also denselben Gembspokh in dem ersten Schuß.«

Erst durch die Erfindung des Radschlosses mit seinem etwas umständlichen, aber weich und ruckfrei arbeitenden Mechanismus wurde die Feuerwaffe jagdwürdig. Franz von Kobell schreibt in seinem Wildanger, daß das Radschloß 1517 in Nürnberg erfunden wurde, und die Tatsache, daß die meisten erhaltenen Feuerwaffen mit Radschlössern in Deutschland angefertigt wurden, scheint das zu bestätigen. (vgl. Pope, »Feuerwaffen«). Zeichnungen aus dem Codex Atlanticus von Leonardo da Vinci, die spätestens zwischen 1500 und 1505, vermutlich aber früher entstanden sind, zeigen aber bereits dieses System, das sich bis ins 18. Jahrhundert hinein an Scheibenbüchsen und Jagdgewehren behauptete.

Am besten läßt sich der Mechanismus mit einem Feuerzeug vergleichen. Ein gerilltes Rad,

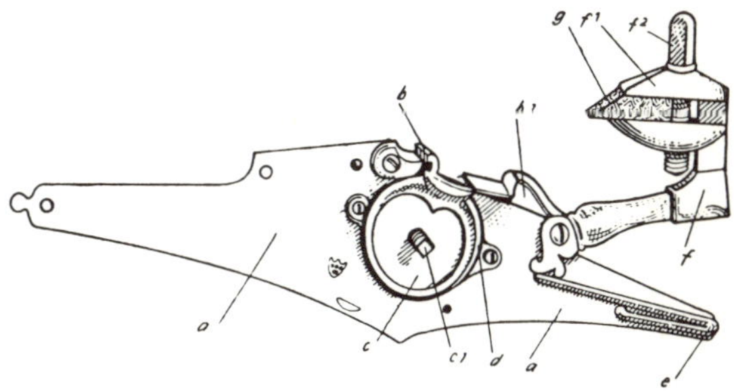

Radschloß außen:
a Schloßplatte; b Zündpfanne; b^1 *Pfannendeckel; c Rad;* c^1 *Radwelle mit Vierkant zum Aufsetzen des Spannschlüssels; d Radkranz, aufgeschraubt; e Hahnfeder; f Hahn;* f^1 *Hahnlippen;* f^2 *Lippenschraube; g Schwefelkies*

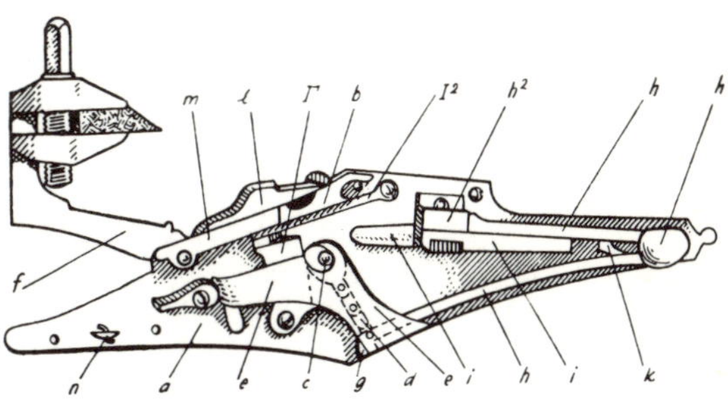

Radschloß innen:
a Schloßplatte; b Zündpfanne; c Radachse; d Gliederkette; e »Studel«, Lager der Radwelle; f Hahn; g Klaue der in der Gliederkette eingehängten Feder; h doppelarmige Feder; h^1 *Deckplatte für die Feder;* h^2 *Federlager*

das mit einer Kette und einer kräftigen Feder verbunden ist, wird mit Hilfe eines Vierkantschlüssels wie ein Uhrwerk aufgezogen. In einem vor der Zündpfanne stehenden Hahn wird ein Zündstein (Schwefelkies) eingeklemmt. Legt man den Hahn auf das Zahnrad und versetzt dieses durch Auslösen der Schlagfeder in rasche Drehung, so entstehen Funken. Das in Zündpfanne und Zündloch aufgeschüttete Zündkraut, ein besonders feines Pulver, gelangt zur Verbrennung und entzündet die im Lauf befindliche Pulverladung.

Die Nachteile einer solchen Waffe waren die umständliche Handhabung beim Laden, dazu eine langsame und nicht sehr zuverlässige Zündung, etwa wenn das Rad durch Pulverrückstände verschmutzt war. Schließlich war durch die offene Pfanne bei Regen kaum zu vermeiden, daß das Zündkraut naß wurde und Versager entstanden. Natürlich brachte auch das Schießen auf laufendes oder fliegendes Wild Probleme mit sich, da bei raschem Auffahren – im besonderen bei Schüssen nach oben – das Pulver von der Pfanne fiel. Kein Wunder also, daß viele Jäger das Feuerrohr mit Skepsis betrachteten.

In der zweiten Hälfte des 15. Jahrhunderts entstanden bereits starke Veränderungen in der Landschaftsstruktur. Die überall eingerissene Holzverschwendung, bedingt durch Bergbau, Salinen, Glashütten und den erhöhten Holzbedarf der Bevölkerung – München war auf über zehntausend Einwohner angewachsen – führte zu einer Einengung des Lebensraumes des jagdbaren Wildes. Der Raubbau an den Wäldern und der Wandel der Waffentechnik verringerten die Chancen des Wildes erheblich.

Das Teilherzogtum Bayern-Müchen hatte das Glück, gerade zu jener Zeit einen Fürsten mit profunder Bildung, mit Weitblick, Durchsetzungsvermögen und modernster Staatsauffassung an der Spitze zu sehen. Albrecht IV. genannt der Weise (* 1447, † 1508) verfügte elf Jahre nach Regierungsantritt, 1476, die ersten Schutzbestimmungen für Wälder, 1493 folgte die Verordnung gegen Wilderer. Auch eine einheitliche »Gejaidordnung« ließ nicht auf sich warten.

Herzog Albrecht IV. genannt der Weise. Geboren am 15. Dezember 1447 in München. Gestorben am 18. März 1508 in München. Regierte von 1465–1508

Die Jagdleidenschaft und einen gehegten Wildbestand vererbte er seinem Sohn Herzog Wilhelm IV. (* 1493, † 1550). Über alle Kunst und politischen Ehrgeiz ging auch diesem die Freu-

Bemalte Tischplatte aus Schloß Zellerreith bei Wasserburg 1531. Sie zeigt eine Karte von Ober- und Niederbayern. Die Rahmenfelder zeigen Szenen von der Beizjagd und der Jagd auf Hirsch und Wildschwein. Bayerisches Nationalmuseum München.

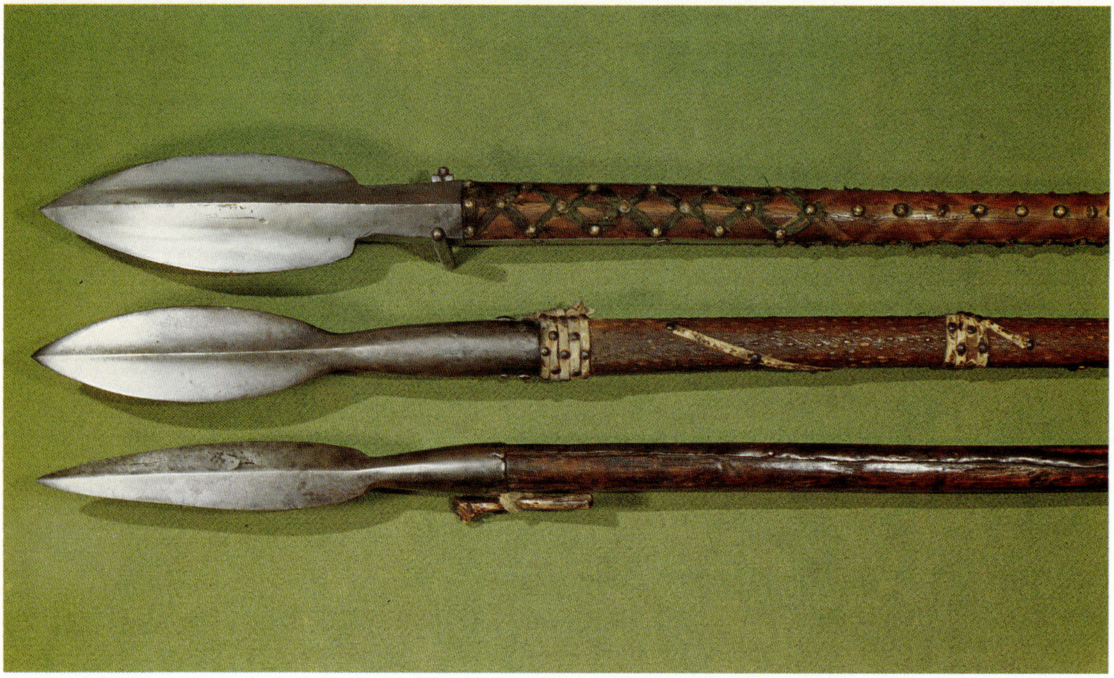

Peter Paul Rubens: Saujagd. Werkstattwiederholung um 1615 im Format 98 x 125 cm, Deutsches Jagd- und Fischereimuseum München.

Links oben: Weidpraxe aus einer deutschen Werkstatt mit eingravierten Jagdszenen und der Inschrift: Si deus pro bis quis contra nos anno 1663. – Weidpraxe mit Scheide, deutsch, 17. Jahrhundert.

Links unten: Bäreneisen und Saufedern aus der kurfürstlichen Jagdkammer, 17. Jahrhundert, alle Deutsches Jagd- und Fischereimuseum München.

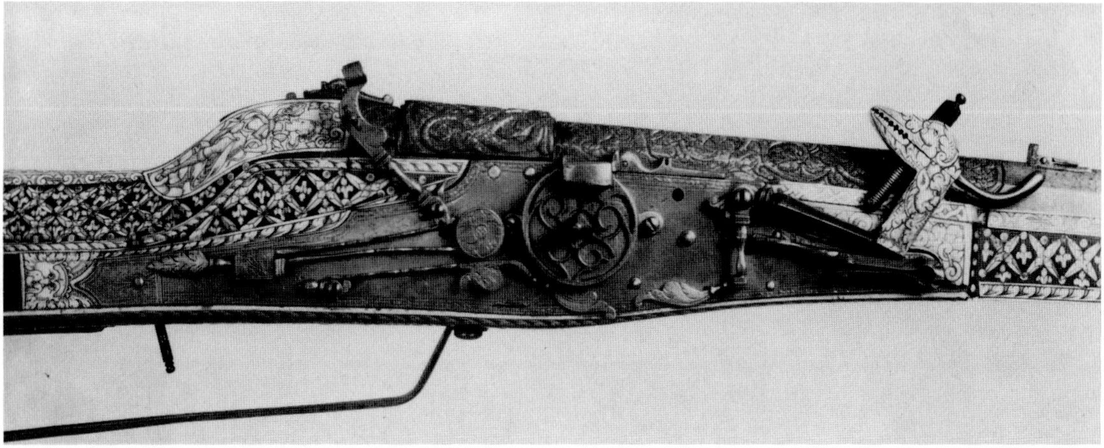

Radschloßgewehr aus einer Augsburger Werkstatt um 1580. Dieser Hinterlader hat an der Pulverkammer einen Ausschnitt, durch den die Patrone eingelegt werden kann.

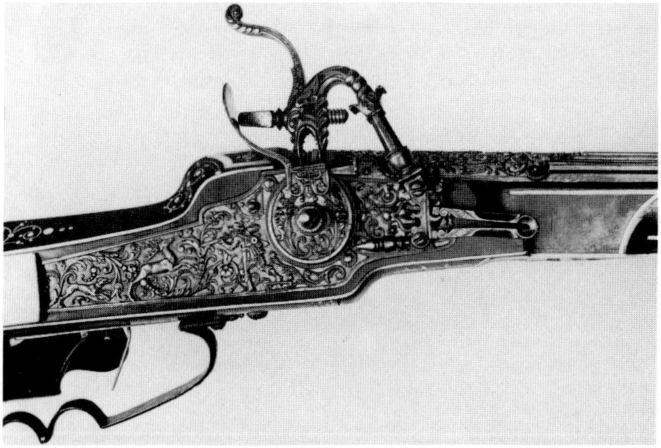

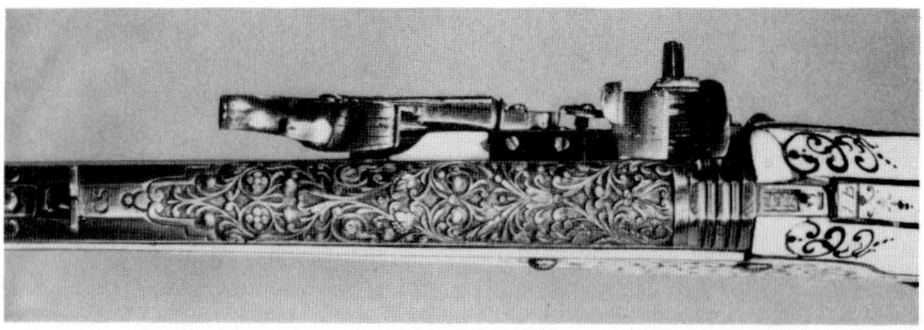

Links oben: Leibbüchse des Kurfürsten Maximilian I. Radschloßbüchse mit Eisenschnitt von Daniel Sadeler. – Links unten: Radschloßbüchse des Münchner Eisenschneiders Kaspar Späth, München um 1640. Beide Waffen: Bayerisches Nationalmuseum. – Rechts unten: »Tellus Bavarica« oder »Bayerische Diana« von Hubert Gerhart auf dem Brunnenpavillon der Residenz in München.

Venatio, Allegorie der Jagd von Peter Candid, Deckengemälde auf Leinwand um 1613.

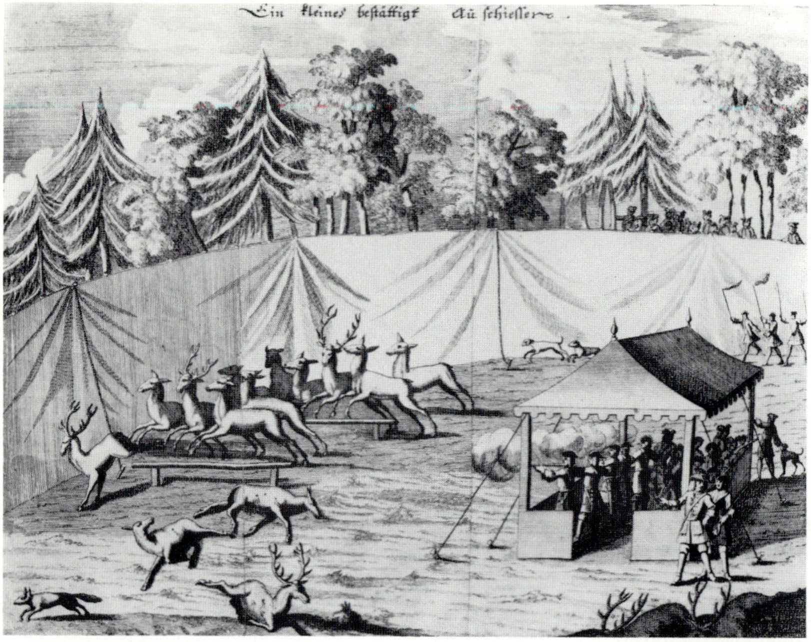

Links:
Eingestelltes oder Deutsches Jagen. Radierung aus dem Jagd-Lehrbuch »Der vollkommene Teutsche Jäger« von 1719.

Unten:
Höfische Jagdgesellschaft bei der Parforcejagd auf den Hirsch. Ölgemälde eines unbekannten süddeutschen Meisters um 1750. Deutsches Jagd- und Fischereimuseum.

de am Jagen. Bis ins hohe Alter blieb er dieser Leidenschaft treu.
Wie sehr sich das Hochwild in Bayern vermehrt hatte, beweist ein Jagdregister Wilhelms IV. vom Jahre 1545: »Einen Reichtum an Edelwild hegten die Waldungen und Gehölze um Ebersberg, Anzing, Hechenkirchen, Grünwald, Kranzberg, Isareck, Geisenfeld, Kelheim, Abendsberg, um Starnberg und Polling ..., da ging der Herzog birschen und mit seinen Freunden jagen und gab es Arbeit vollauf.« Und entsprechend heißt es in den Angaben über die Jagden von Ingolstadt aus: »... am anderen Augusti (am Suntag) an der Möringer angefangen und geschossen 16 Hirsch, 19 wild (weibliche Hirsche) 4 kölber.
Item am Montag den dritten Augusti gefangen und geschossen, an der Menn und Mennhinger. An 16 Hirsch, 6 wild, 1 peckher (Keiler); Item Mittwochs den funfften Augusti: von der Au, so man am Sachk nennt, gefangen und geschossen 16 hiersch, 36 wild ...; Item am 6. Augusti an Zucheringer Au 30 hiersch, 15 wild ...; dann weiter am 7ten Augusti am Stangelsletten ... gefangen und geschossen 36 hiersch, 4 »spieß« (Spießhirsche) 18 Wild, 6 Kälber.«
Franz von Kobell zitiert in seinem »Wildanger« – den er 1859 seinem Jagdherrn und König Maximilian II. widmet – ebenfalls diese Streckenberichte und zieht den Schluß: »In letzterem Gejaid, heißt es, sind geschehen 127 Schuß, ein Beweis, daß viel des Wildes von den Hunden gefangen und mit dem Hirschfänger erlegt wurde, sonst kämen nur zwei Schüsse auf ein Stück, was nicht wahrscheinlich ist, wenn auch die Herrn gut geschossen haben.«
Die maßlose Jagdlust des Münchner Hofes wird im Sommer 1547 sogar unter den Gründen genannt, die einem Besuch eines Habsburgers entgegenstehen. Aufgeschlossen versicherte der Herzog einem Hessischen Agenten, daß sein Herz vor allem nach der Jagd stünde. In einem einzigen Jahr ließ er 2032 Stück Wild ans Münchner Zerwirkgewölbe liefern, davon allein 817 Hirsche (nach Loibl, »Wittelsbacher Jagdschlösser um München«).
Welche Bedeutung der Jagd in der damaligen Zeit auch in der Politik zukam, wird aus einem Bericht deutlich, den der nüchterne bayerische Historiker Sigmund Riezler verfaßte und der sich auf den Tag nach dem glänzenden Einzug Kaiser Karls V. in München am 10. Juni 1530 bezieht: »Tags darauf jagten die Fürsten in der Umgebung der Stadt, die nach Campeggi's Bericht die schönsten Hirschjagden der Welt bietet. (Campeggi war päpstlicher Legat und ritt beim Einzug Karls V. in die Stadt München im scharlachfarbenen Gewand an der linken Seite des Kaisers). Auf der berühmten Perlacher Heide, Herzog Wilhelms Lieblingsrevier, hatte man schon tags vorher beim Durchzug Seiner Majestät an 500 Hirsche aufstöbern lassen, und die Herrschaften hatten zugesehen, wie dieselben mit Hunden verfolgt und von berittenen Schützen erlegt wurden. Jetzt beteiligten sich der Kaiser und sein Bruder selbst lebhaft an der Jagd, die Beute betrug 10 Hirsche.«
Nur acht Monate nach dem Abzug der Osmanen vor Wien war dieser Kaiser, in dessen Reich die Sonne nicht unterging, auf dem Weg zum Reichstag in Augsburg durch München gekommen. Viel Zeit konnte er nicht für Vergnügungen opfern, die kirchenpolitische Situation im Reich vor der »confessio augustana« verlangte rasches Handeln. Trotzdem verbrachte der hohe Besuch zwei von vier Tagen auf der Jagd. Der Gastgeber, Herzog Wilhelm IV., hatte bei seiner bekannten Jagdleidenschaft gegen diese Aufteilung sicher nichts einzuwenden. Aber nicht nur er ist »pirschen« geritten und gefahren, auch die Herzogin Maria Jakobäa war dem Waidwerk ergeben: »... ist mein gn. Frau von Grienwald aus auf die pirschenndt gefahrn und gen Grienwald pracht 4 wild«.

Wilhelm IV. Herzog von Bayern, geboren 1493, gestorben 1550. Regierte von 1508 bis 1550

Der Bericht, welcher die Jagden des Herzogs und seiner Schützen sowie die Lieferung der Jäger im Jahre 1545 umfaßt, schließt mit der Bilanz: »An hirschen 817, an wilden 78, an kölbern 137, an rechern (Rehen) 224, an spiessen 22, an Schwein (Keilern) 84, an pachen (weibliches Schwein) 253, an frischling 178, an wölff 38«.

Kurz nach dem Besuch Karls V. baute sich Wilhelm IV. ein helles und freies Jagdschloß in noch größerer Nähe zum jagdbaren Wild, als es Grünwald war, mitten auf eine Rodungsinsel im Grünwalder Forst: Laufzorn. Der dabei realisierte Typ des Landhauses entsprach dem der italienischen »Villa suburbana«, wie diese während der Epoche des Humanismus in der Toskana und der venetianischen »Terra ferma« in bewußter Anlehnung an überkommene römische Formen entstanden. Laufzorn war also kein spezifisches Jagdschloß, sondern das Herrschaftshaus eines Ökonomieguts, eine »Villa rustica« nach der römischen Klassifizierung. Der Einfluß der italienischen Villentheorie ist unübersehbar. Danach ist die Villa funktionell eine autonome ländliche Einheit, dessen primäre Funktion in der Selbsterhaltung liegt.

Ähnlich wie Laufzorn hat sich diese Zeitstimmung in dem zum Wittelsbacherjahr restaurierten Jagdschloß Grünau bei Neuburg an der Donau erhalten. An keinem Ort wird der Föhnwind der Renaissance besser verständlich. Der Wittelsbacher Ottheinrich, Pfalzgraf und späterer Kurfürst von der Pfalz (* 1502, † 1559), die Verkörperung eines deutschen Renaissancefürsten, hat das Jagdschloß »zu Gefallen« seiner ebenfalls jagdfreudigen Gemahlin erbauen lassen. An die Stelle eines wohl hölzernen Vorgängerbaues setzte der Bauherr dieses mit allem damals möglichen Komfort ausgestattete, schloßähnliche Haus, das noch ganz in spätgotischen Formen entworfen und ausgeführt wurde. Das sogenannte »Neue Schloß« im gleichen Areal nimmt die gesamte Südbreite des Karrees ein und läßt ab 1537 schon jene Renaissancegestaltung erkennen, die für Neuburg typisch geworden ist. An diesem neuen Schloß hat Ottheinrich seinem treuen Jägermeister Ulrich Porsch eine Inschrift gewidmet, denn dieser trug mit zweihundert Gulden zum Bau bei.

Ottheinrich, der zum einen durch den Ausbau der kurfürstlichen Bibliothek zur weltberühmten Palatina, zum anderen durch den Neubau des Heidelberger Schlosses (Ottheinrichsbau) überragende Bedeutung erlangte, hatte ein sehr

Herrn Friedrich Wilhelm Utsch, genannt: der Jäger aus Churpfalz. Gewidmet vom allerhöchsten Jagdherrn Sr. M. Kaiser Wilhelm II. und seinen Jägern.«

Ein im Jahre 1926 verstorbener gleichnamiger Nachkomme des Försters Utsch hat in einem 1913 in München erschienenen Büchlein „Der Jäger aus Kurpfalz« auf Grund seiner Familientradition und ergänzender archivarischer Forschungen nachzuweisen versucht, daß sein Ahnherr tatsächlich als das Urbild des Jägers aus Kurpfalz anzusehen ist. Demnach hat der Karmeliterpater Martin Klein, der 1772 als Erzieher in das Forsthaus Entenpfuhl einzog, dem Förster das lustige Lied gewidmet. Durch den Obristjägermeister Freiherrn von Hacke soll es dann am Hofe des jagdliebenden Kurfürsten Karl Theodor bekannt gemacht worden sein und von dort aus seine Volkstümlichkeit erlangt haben.

Doch zurück zu Johann Casimir, zu dem die im Volkslied angesprochene Lebensweise jedenfalls recht gut paßt. Er war wohl einer der größten Nimrode in der langen Reihe der Wittelsbacher Jäger. Aus dem Hause Simmern war diese Wittelsbacherische Linie nach dem Tode des pfälzischen Kurfürsten Ottheinrich, dem Bauherrn des Jagdschlosses Grünau, an die Regierung gelangt. Über 22 Jahre lang hat Johann Casimir mit peinlicher Genauigkeit Jagdtagebücher geführt, die Rechenschaft über jede Hatz und jede Strecke geben. Aus den Aufzeichnungen, die häufig in unverfälschtem Pfälzisch abgefaßt sind, läßt sich auf eine artenreiche Wildbahn zwischen Kaiserslautern und Heidelberg, zwischen Neuschloß im Ried und Germersheim schließen. Außer Rotwild, Schwarzwild und Rehwild wird von folgenden Wildarten berichtet: Reiher, Enten, Haselhühner, Schwarzstörche, wilde Gänse, Eulen, Trappen, Große Geyer (Greifvögel), Tauben, Schwäne, Auerwild, Wachteln, Feldhühner und Schnepfen.

Der »Jäger aus Kurpfalz«. Illustration aus »Alte und neue Jägerlieder«, herausgegeben von Franz Pocci und Franz von Kobell

Die Jagd und das Beutemachen nahmen im Leben Johann Casimirs eine dominierende Rolle ein. Er hielt in seinem Tagebuch aber auch die vielen vergeblichen Bemühungen seiner Jagden fest, hob allerdings auch gerne hervor, wenn er besonderes Weidmannsheil hatte. So zum Beispiel, als er im März 1671 drei Wildgänse oder auch zwei Kraniche mit einem Schuß erbeutete. Derartiges Jagdglück war ebenfalls eine Folge der verbesserten Waffentechnik. Mit den gegen Ende des 16. Jahrhunderts in Mode gekommenen extrem langen Flinten konnte man nämlich nicht nur sehr weit schießen, sondern es gelang häufig, durch einen Schuß mehrere Stücke Wild zur Strecke zu bringen. Den Höhepunkt dieser Entwicklung bildeten die sogenannten Karren-Büchsen. Diese Gewehre und die damit verbundene Jagdtechnik beschreibt Hanns Friedrich Flamming im »Vollkommenen Teutschen Jäger« – einem Jagd-Lehrbuch, das im Jahre 1719 in Leipzig herausgegeben wurde: »Die Karren-Büchsen, oder wie sie andere nennen, die Schieß-Karren, werden zur Herbstzeit auf großen Seen und Teichen bei wilden Schwänen, Gänsen und Enten, auch auf weitläufigen flachen und ebenen Feldern bey den Kranichen Trappen und großen Brachvögeln mit gutem Nutzen ge-

braucht, da sie bey ihrem Abzug und Wegfluge beysammen halten und nicht allzu nahe an sich kommen lassen.«
Flemming beschreibt auch die Ladung dieser Waffen, mit denen man das scheue Federwild auf bis zu fünfhundert Schritt (375 Meter) Entfernung bejagen konnte: »Das Rohr mit großen Schroten, Hagel oder rechten Lauff-Kugeln geladen; einige machen ihnen Ladungen von Blech und füllen sie mit groben Schroten, so können sie ihre Ladung desto geschwinder vollbringen, und auf diese Weise offt glücklich seyn, auf einen Schuß vier, fünff biß sechs Stück Feder-Wildpräth zu treffen.«
Die Tagebücher des Pfalzgrafen Johann Casimir sind übrigens auch ein gutes Beispiel dafür, daß schon von alters her zur »Grünen Weyd«, die »Nasse Weyd« gehörte. Im Unterschied zur Jagd wurde in der Fischerei schon damals eine Hege im heutigen Sinn betrieben. Man fischte nicht wahllos, sondern sonderte Fische nach Größe und Gewicht ab und setzte sie in bewirtschafteten Fischteichen ein. Auch Johann Casimir war eifrig darauf aus, die vielfältigen Möglichkeiten des Wassers für seine Zwekke zu gewinnen. Er legte Bäche und Teiche an, in denen er Reusen aufstellte oder die Gewässer oftmals in Begleitung von Damen des Hofes mit der Angel befischte. Schon als Vierundzwanzigjähriger ließ er erkennen, von welch unruhiger Sinnesart und von welch ausdauernder Aktivität er war: »Weil kein Hirsch zu jagen gewest, gefischt. Bey hundert Forellen gefangen, auch ein Essen Krebs« (Zit. nach Heinemann, »Pfalzgraf Johann Casimir«).
Die Kalender-Jahrbücher und die Schießregister des Pfalzgrafen Johann Casimir sind Handschriften, die mit der Heidelberger Bibliotheca Palatina während des Dreißigjährigen Krieges als Beute Herzog Maximilians von Bayern über die Alpen wanderten und der Vatikanischen Bibliothek einverleibt wurden.
Kurz vor Ausbruch des Dreißigjährigen Krieges besuchte ein Augsburger Patrizier und Kunstagent München und beschrieb 1611 eine Brunnenanlage in der Residenz, die es seither nur noch in Einzelteilen gibt: »... ist ein großer Felsenberg oder Grotta, darauf steht ein groß Metallin Weibsbild lebensgröße, die hat auf ihrem huet ein Aichenlaub, welches das gehültz in Bayern bedeuttet, und den rechten arm hangt aine hirschhaut mit ainem großen hirschkop und geweicht daran, dass bedeuttet das gewild im Bayrland...« (zit. nach Loibl, »Wittelbacher Jagdschlösser um München«)
Einige Jahre später wurde der Brunnen aufgelöst, und die majestätische Frauengestalt kam auf die Kuppel des Hofgartentempels.
Der Auftraggeber dieser Allegorie auf die bayerische Erde war Herzog Wilhelm V. (* 1548, † 1626). Sie war als Staatssymbol gedacht, doch so volkstümlich wie die »Patrona Boiariae« ist diese »Tellus Bavarica« nie geworden. Den lateinischen Titel »Bayerische Erde« hat vermutlich Georg Habich (* 1868, † 1932), der Direktor der Staatlichen Münzsammlung ge-

prägt. Die überdeutlichen Symbole der Jagd – Hirschdecke und Hifthorn (Jagdhorn) – haben sie landesweit zur »bayerischen Diana« gemacht. Der Schöpfer dieser Figur, die im schönsten Sinne das Wesen Altbayerns zusammenfaßt und symbolisiert, war Hubert Gerhard. Die bronzene Göttin, in Gerhards ursprünglicher Idee durchaus unpolitisch, trug einst Ähren in Form eines Kranzes in der Rechten, durch die die Fruchtbarkeit des niederbayerischen Bodens symbolisiert werden sollte. Eine aquarellierte Federzeichnung von Mathias Karger von 1611 zeigt diese Urform. Der Reichsapfel hat diesen Kranz erst 1623 verdrängt – zu dem Zeitpunkt, als Maximilian I. mit der pfälzischen Kurwürde auch das Amt des Erztruchsessen des Heiligen Römischen Reiches empfing. Auf eine Besonderheit sei der Kunstfreund beim Betrachten dieser Figur noch hingewiesen: In genialer Weise hat es der Künstler verstanden, die »Tellus Bavarica« in die imaginären Linien einer Raute zu fassen.

Herzog Wilhelm V. waren außer seiner Bauleidenschaft für kirchliche Gebäude ein Herzensverhältnis zu Natur und Kunst sowie die engste Verbindung von Frömmigkeit und Jagdleidenschaft zueigen. Den stürmischen und verschwenderischen Jahren als Erbprinz auf der Landshuter Trausnitz mit ihren zahllosen Jagden auf Hirsch und Sau folgte im Alter das mönchisch zurückgezogene Leben. Aber gewiß hat der alternde Fürst nach seiner Abdankung in seiner Eremitage in Schleißheim nicht wie ein büßender Einsiedler dem jagdlichen Vergnügen entsagt. Daß er aber nicht nur in der wildreichen Einsamkeit seiner Schwaige gejagt hat, beweist der bekannte Vorfall am 16. September 1616. Auf einer Sauhatz, zu der Wilhelm von seinem Jagdschloß »Neudeck ob der Au« in den Grünwalder Forst ritt, retteten vier Zimmerleute das Leben des Herzogs vor einem wilden Eber.

Herzog Wilhelm V. genannt der Fromme. Geboren am 29. September 1548 in Landshut. Gestorben am 7. Februar 1626 in Schleißheim. Regierte von 1579–1597

Herzog Wilhelm V., genannt der Fromme, beendete auch einen Jahrzehnte dauernden Streit mit dem Kloster Benediktbeuern, in dem es um die Jagdrechte des Klosters ging. Aus der damals geführten Korrespondenz läßt sich auch ein Interessenkonflikt zwischen der herzoglichen Jagdausübung und den Holz- und Almweiderechten der Klosteruntertanen erkennen. Sogar Schwierigkeiten in der Versorgung der Stadt München mit Holz werden als Folgen der herzoglichen Jagdprivilegien befürchtet.

Schon Albrecht IV. hatte 1499 mit dem Kloster

Benediktbeuern ein Abkommen über die Jagd an der Grenze der herzoglichen Berge getroffen, wonach die Klosterjäger dort zehn Jahre lang nicht jagen sollten, wofür ihnen an anderen Orten jährlich vier Hirsche zugestanden wurden. Denn er wolle seinen Wildbann am »Plonberg, Zwisler (Blomberg, Zwiesel) und Gossenhoven Hayen«. Aber schon nach drei Jahren wurde dieser Vertrag wieder gelöst.
Auch Wilhelm IV. schrieb 1526 an den Abt von Benediktbeuern, er wolle mit seiner Gemahlin in der Nachbarschaft des Klosters einige Jagden abhalten; die Klosterjäger möchten sich daher dort des Jagens enthalten. Das gleiche Anliegen wiederholte der Herzog bald darauf noch einmal und fügte hinzu, er wisse, daß der Abt einige zur Jagd auf das Damwild geeignete Berge habe; auch von diesen möge der Abt seine Jäger fernhalten. Der Abt gestand auch dies zu. Als aber nach zwei Jahren die Bitte wiederholt wurde und der Fürst überdies wünschte, daß ihm diese Jagden auf Lebenszeit überlassen würden, lehnte der Konvent unter vielen demütigen Entschuldigungen ab, da dies ohne schwere Nachteile für das Kloster nicht geschehen könne. Schon Albrecht IV. habe dies 1502 anerkannt. Man bitte also, von dieser Forderung abzusehen.
Ob die Bitte der Benediktiner Erfolg hatte, konnte Sigmund Riezler, der den Vorfall überlieferte, aus den Klosterurkunden nicht ersehen. Er berichtet aber weiter, daß sich 1578 ein unverschämter Jäger beim herzoglichen Jägermeister Johann Georg von Ezdorf beschwert habe, weil die Bergbauern des Klosters durch ihr Holzfällen in den Bergen die Jagd der Herzöge auf Hirsche und Damwild (sic!) gefährden würden. Ein daraufhin ergangenes Mahnschreiben des Jägermeisters an den Abt gab diesem Anlaß, sich mit einer Beschwerde über den betreffenden Jäger an den Hof zu wenden. Zugleich klagte er über die Schäden, die dem Kloster seit mehreren Jahren durch die von Herzoglichen in seinem Gebiet abgehaltenen Jagden erwüchsen.
Am 3. Januar 1580 bestätigte dann Herzog Wilhelm V. die alten Jagdrechte des Klosters, die auch von den bayerischen Herzögen nie in Zweifel gezogen worden seien. Wenn der eine oder andere Fürst dann und wann den Abt gebeten habe, auf die Ausübung seines Jagdrechts in gewissen Gegenden zu verzichten, so sei dadurch dem Kloster kein Schaden entstanden, da dieses stets durch eine gewisse Zahl von Hirschen aus den herzoglichen Wäldern entschädigt worden sei. Auch Wilhelm IV – sein Großvater – habe nie behauptet, daß ihm die vom Kloster erbetene Jagd rechtens zustehe.
Der Abt erwiderte auf dieses Schreiben, daß der vom Herzog angestellte Jäger und dessen Söhne diese Jagd so ausgenützt hätten, daß das Jagdrecht des Klosters dadurch wertlos geworden sei. Überdies würden durch diese herzogliche Jagd die Bergbauern, die vom Holzschlag lebten, daran gehindert, ihren Lebensunterhalt zu verdienen. Daher könne nicht mehr so viel Holz wie früher nach München auf der Isar geflößt werden. Die Berge seien auch zu steil, zu wild und zu ungastlich, als daß eine des Herzogs würdige Jagd dort abgehalten werden könne. Albrecht V. habe auch nie dort gejagt.
Die umfangreiche Korrespondenz endet damit, daß Wilhelm V. seinen Jägermeister anwies, die umstrittenen Jagdreviere dem Kloster zu überlassen. Pikanterweise hat der mit diesem Beschluß brotlos gewordene herzogliche Jäger sogleich um eine Anstellung als Klosterjäger nachgesucht, was der Abt jedoch wegen dessen früheren unverschämten Betragens ablehnte.
Wie Sigmund Riezler weiterberichtet, kam es dann ab 1583 zu erneuten Verhandlungen über diese Jagden. Bei Hofe war man nunmehr zu der Ansicht gekommen, die Äbte hätten die entsprechenden Rechte nicht nach altem

Herkommen, sondern nur durch die Gunst des Fürsten inne. Am 24. Februar 1587 schrieb der Herzog in diesem Sinn an den Abt. Als aber dieser daraufhin sein Recht mittels beweiskräftiger Urkunden nachwies, mußte der Herzog nachgeben.

Im Jahr der Fertigstellung der »Tellus Bavarica«, 1594, beteiligte Herzog Wilhelm V. seinen Sohn Maximilian an der Regierung, um ihm diese dann drei Jahre später ganz zu übergeben. Maximilian erscheint in unserem Geschichtsbild meist als der überragende Staatsmann, der Bayern zu einer Macht von europäischem Rang gemacht und sein Land ebenso rigoros wie erfolgreich durch die Wirren des Dreißigjährigen Krieges gesteuert hat. Selten erscheint er dagegen als jugendlicher Draufgänger während seiner Ingolstädter Studienzeit, als ihn die Hirschhatz und die Falkenbeize zum leidenschaftlichen Jäger machten. Der Augsburger Patrizier und Kunstagent Philipp Hainhofer schreibt später: »... zuviel Jagen fragen ihre Durchlaucht nicht nach«.

In den Notjahren dieses Krieges und vor allem danach kam es zu großen Wolfsplagen in verschiedenen Teilen des Landes. Besonders in den Waldungen der Oberpfalz, in Franken und in der Rheinpfalz setzte der Wolf dem Rot- und Rehwild arg zu und verschonte natürlich auch Weidevieh und Haustiere nicht. Auch in den bewaldeten Gegenden der Alpen richteten Wölfe auf den Almen unter dem Weidevieh den Sommer hindurch viel Schaden an; im Winter zog der unstete Räuber dann ins Voralpengebiet. Durch Wolfsfallen und Wolfsangeln versuchte sich die Bevölkerung gegen Isegrim zu schützen; viele Orte heißen heute noch »Beim Wolfsgarten«, »Bei der Wolfsgrube«, »Beim Wolfshagen« oder »Bei der Wolfskante«. So gefürchtet war der unberechenbare Räuber, daß man eigene Gebete sprach, wenn man das Vieh

Maximilian I. Herzog und Kurfürst. Genannt der Große. Geboren am 17. April 1573 in München. Gestorben am 27. September 1651. Regierte von 1597 bis 1623 als Herzog und 1623 bis 1651 als Kurfürst

auf die Almen trieb. So lautet ein Wolfssegen aus einer Handschrift des 15. Jahrhunderts: »ich treib heut aus in unser lieben frauenhaus, in abrahams garten, der lieber Herr sant Martein der sol heut meines (Viehes) pflegen und warten, und der liebe herr sant Wolfgang, der lieber herr sant Peter, der hat dem himelischen slußel, die versperrent dem Wolf und der vohin irn drussel, daß sie weder plut lassen noch bein schroten. Des helf mir der man, der chain ubel nie hat getan (Christus) und die heiligen wun-

den behüten mein Vieh vor allen holzhunten.«
(zit. nach Grimm, »Deutsche Mythologie«)
Wenn die Gebete, der Fang in den Gruben und das Schießen an den Luderplätzen nichts mehr halfen, so wurde von oberster Stelle eine großangelegte Wolfsjagd angeordnet. Meist wurden diese Jagden im Winter abgehalten, da die Spuren der Wölfe im Schnee gut zu verfolgen waren. So wurde zum Beispiel aufgrund eines Gutachtens des obersten Jägermeisteramtes hin am 25. Oktober 1650 angeordnet, daß durch das Oberforstmeisteramt Amberg in der kurfürstlichen Wildfuhr nach Wölfen gejagt werden solle. Für die darin erlegten Raubtiere sei das ganze Reputat (12 Gulden), für die außerhalb ihrer in verlassenen oder angrenzenden »Jaidern« geschossenen und gelieferten Wölfe das halbe Schießgeld auszubezahlen. Die »Untertanen«, die zu diesen Jagden aufgeboten wurden, sollten »wohlgewachsene starke Leut und nit Bueben« sein und als Bewaffnung scharfe Spieße, die sogenannten Wolfsspieße oder Heugabeln mit sich führen. Für die Zeit der Jagd, die gewöhnlich drei bis acht Tage dauerte, mußten sie auch das notwendige Brot mitbringen. Der Sammelpunkt der Leute war bei den sogenannten Feuerstätten, die nahe bei den Jagdgebieten lagen. Man hat sich darunter vermutlich größere Schuppen vorzustellen, in denen Bauern, Waldarbeiter, Pech- und Teerbrenner, Hammerknechte, Glasbrenner und Köhler ihre Mahlzeiten bereiteten und einen primitiven Schutz gegen Frost und Wetter finden konnten.
Bei den Jagden bediente man sich großer Netze, die an in den Boden gerammten Stangen aufgerichtet wurden, sobald die Wölfe »eingeritten« und »bestätt« (bestätigt) waren. Die Netze wurden gewöhnlich auf einen von kräftigen Pferden gezogenen Wagen verladen, um rasch über »Stöck und Stauden« an den betreffenden Platz gebracht werden zu können. Mit Frost-

Wolfsjagd, Kupferstich von Stradanus (Jan van der Straet, Brügge 1536 bis Anfang 17. Jh.)

bohrern wurden dann die Löcher für die Stellstangen gegraben, die Wölfe »eingestellt« (in den Bogen treiben und die Netze aufrichten) und dann von den Bauern mit Geschrei, Trommelschlag und Pferden so lange hin- und hergetrieben, bis sie in die Netze fielen und von den aufgestellten Posten totgestochen oder erschlagen wurden.
Diese aufregenden und der Vermehrung des Einkommens nicht abträglichen Wolfsjagden scheinen beim Jagdpersonal recht beliebt gewesen zu sein, weshalb die Oberforstmeister stets für Beibehaltung dieser Jagd eintraten. Dem armen Volk aber waren sie verhaßt, weshalb es sich davon zu »schrauffen« suchte, wo es nur ging, wobei viele Leute nicht selten auch mitten unter der Jagd in einem unbewachten Augenblick wieder heimliefen.
Mannigfaltig waren die Klagen, die seitens der »Untertanen« gegen die Heranziehung zu diesen Wolfsjagden erhoben wurden. Vermutlich waren die Bauern nämlich damals den Wölfen nicht so feindlich gesinnt wie dem Rot- oder Schwarzwild, das ihren Feldern und Fluren unermeßlichen Schaden zufügte. So wird aus heutiger Sicht das Bild der Schädlichkeit der

Wölfe weniger durch den konkreten Schaden an den Haustieren geprägt, als durch den großen Arbeitsverlust der zur Landfolge (die Verpflichtung der Einwohner zur Hilfeleistung in Notfällen) verpflichteten Bauern geprägt. Der letzte Wolf in Bayern ist 1837 im Tegernseer Gebiet geschossen worden.

Die Regierungszeit Maximilians war zwar gekennzeichnet durch die grausamen Feldzüge von 1618 – 1648 und deren Folgen, bot aber auch eine vorher nie dagewesene Entfaltung der Schönen Künste. So erlebte München eine Hochblüte des Waffenhandwerks, wobei es neben der hervorragenden Schmiedearbeit der Klingen und Feuerwaffen sowie der stets meisterhaft vollendeten Schäftung insbesondere der hochkünstlerische Eisenschnitt war, der die damals entstandenen Werke in ganz Europa so berühmt gemacht hat. Neben Schwertern, Degen und Dolchen waren es aber vornehmlich die verschiedensten Jagdwaffen, unter denen die vielen Radschloßgewehre besonders hervorstechen, die in ihrer künstlerischen Ausführung eine derartige Vollkommenheit erreichten, daß schon damals diese kostbaren Preziosen mit wahrer Leidenschaft gesammelt wurden oder zu besonderen Anlässen als fürstliche Geschenke in alle Welt gingen.

Kupferstich nach einem Entwurf für den Jagdteppich im Bayerischen Nationalmuseum von Peter Candid, der 1602 Hofmaler des Herzogs Maximilian wurde.

In den folgenden Ausführungen über diese Materie folgen wir dem berühmten Werk von Hans Stöcklein: »Meister des Eisenschnittes. Beiträge zur Kunst- und Waffengeschichte im 16. und 17. Jahrhundert", das 1922 in Esslingen a. N. erschienen ist. Der »Münchner Eisenschnitt«, wie er heute in der Literatur genannt wird, bestand in folgender Technik: Durch Schmieden wurde zuerst aus dem Roheisen die ungefähre Form des Gegenstandes hergestellt, was die Arbeit des Büchsenmachers beziehungsweise des Messerschmiedes war. Diese Rohform entstand selbstverständlich nach genauen Angaben und wohl auch unter Überwachung des Eisenschneiders, der natürlich ein großes Interesse daran haben mußte, bereits annähernd die richtige Form zu erhalten. Aufgabe des Eisenschneiders war es nun, mit Meißel, Grabstichel und Bohrer aus diesem Eisenklotz die vorgesehenen Figuren und Ornamente herauszuarbeiten. Das Eisen wurde in kaltem Zustand geschnitten. War die Arbeit soweit gediehen, so gelangte das Stück wieder in die Hand des Messerschmiedes, der die Vergoldung vornahm. Bei sämtlichen Arbeiten der Münchner Eisenschneider sind die Figuren und Ornamente wie auch die unverzierten Teile blau angelaufen, während der vertiefte Grund vergoldet ist. Durch den lebhaften Kontrast von Blau und Gold entstand eine äußerst geschmackvolle Farbwirkung.

Kurfürst Maximilian I. von Bayern, der sich im allgemeinen nicht gerade durch Freigiebigkeit auszeichnete, war anläßlich der Vermählung des bayerischen Kurprinzen Ferdinand Maria mit Henriette Adelaide, der Schwester des Herzogs Karl Emanuel II. von Savoyen, gezwungen, diesem ein repräsentatives Geschenk von beachtlichem Wert zu machen. Und dieses Mal zeigte er sich von der splendidesten Seite: Tief griff er in die prächtigen Schätze seiner Waffenkammer und übersandte dem Herzog die sogenannte »Turiner Jagdgarnitur«, ein Meisterwerk des großen Münchner Eisenschneiders Daniel Sadeler, bestehend aus einer Radschloßmuskete, einem Radschlüssel und zwei Pulverflaschen. Diese Garnitur ist auch deshalb so erwähnenswert, weil ihre Schäftung der berühmte »Büchsenschifter« Adam Vischer besorgte, dessen Arbeiten sich durch eine äußerst sorgfältige Zusammensetzung und farbenprächtige Wirkung der verwendeten edlen Materialien, wie Gold, Silber, Perlmutter, Kupfer und verschieden eingefärbte Beineinlagen, auszeichnen. Nicht genug, schickte Maximilian dem Herzog noch weitere zwölf Meisterwerke der beiden anderen hervorragenden Münchner Eisenschneider Emanuel Sadeler und Caspar Spät. Dieses außerordentliche Geschenk trug nicht wenig zum weiteren Ruhm Maximilians in ganz Europa bei.

Und wir begreifen dies sehr wohl, denn sind alle diese Künstler, die sich die Herstellung dieser herrlichen Waffen teilen – diese Bildhauer in Stahl und Eisen, diese Meistergraveure, diese vollendeten Bildschnitzer, diese Gold- und Silberschmiede -, nicht etwa der gleichen Achtung und der gleichen Liebe wert wie die Schöpfer anderer Kunstwerke?

München erlebte also in der Zeit des Kurfürsten Maximilian I. eine Hochblüte des Waffenhandwerks, die an Geschlossenheit der Erzeugnisse wohl einzig in Europa ist. Alle die Radschloßbüchsen – es handelt sich dabei ausschließlich um Jagdgewehre – die Waidbestecke, die Hirschfänger und Jagdtaschen, die in diesen Jahrzehnten geschaffen wurden, sind Zeugen jener höchsten Jagdkultur, die München einst berühmt gemacht hat. Wohl blühte bis ins 18. Jahrhundert hinein ohne Unterbrechung das Waffenhandwerk in dieser Stadt – und manche Meister gehören zu den bedeutendsten ihrer Zeit – eine solche Höhe aber hat es nie wieder erreicht.

Herzog Maximilian von Bayern, der am 25. Februar 1623 in Regensburg von Kaiser Ferdinand II. mit der pfälzischen Kurwürde, dem Erztruchsessamt und dem Reichsvikariat belehnt wurde, war nicht nur ein leidenschaftlicher Jäger, sondern auch Kunstfreund und Kunstförderer. Rubens malte für ihn auf Bestellung die prächtigste seiner Löwenjagden, die heute in der Pinakothek in München hängt und einst in der Hofgalerie untergebracht war. Wie sehr Maximilian den Meister schätzte, zeigt eine Anordnung vom 19. Januar 1621, in der Maximilian befahl, »Rubens dero gulden mit zwain rubin und bayr. geschmeltzten Wäppel gefaßte Bildnuß oder Gnaden Pfennig gnedigst zu verehren«.

Prunkjagden des Barock und Rokoko

Die politische Bedeutung einer Staatsjagd erreichte ihren Höhepunkt im Zeitalter des Absolutismus, als die höfische Repräsentation für Macht und Ansehen des Staates schlechthin stand. Sie war über Jahrhunderte lebendig und ist auch heute noch nicht ganz verschwunden. Äußere Prachtentfaltung gehörte daher zur Jagd dieser Epoche, die Fürstenrecht und infolgedessen auch Fürstenpflicht war. So war es eine Selbstverständlichkeit, daß diese Art der höfischen Repräsentation ebenso wie kriegerische Taten in aufwendigen Gemälden festgehalten wurden. In einen Palast gehörten somit auch große Jagdbilder. Daher waren es auch vor allem Fürsten und große Herren, die als Auftraggeber für derartige Werke in Frage kamen.
Noch vor 1800 besaßen die Galerien Münchens die wohl bedeutendste Serie der von Rubens unter Mitwirkung von Frans Snyders und Anton van Dyck geschaffenen großen Kampfbilder mit wilden Tieren: die Kurfürstliche Galerie die Nilpferdjagd und die Sauhatz, die Hofgalerie die berühmte Löwenjagd und die Jagd auf Tiger und Leopard.
Diese Werke wurden zusammen mit weiteren 68 Münchner Gemälden im Jahre 1800 von der französischen Besatzung nach Paris verschickt. Von diesen Kampfjagden wurde lediglich die Nilpferdjagd 1815 zurückgegeben und ist seitdem in München geblieben. Die drei übrigen Bilder wurden an französische Museen verteilt. Die Löwenjagd ging 1870 bei einem Brand des Museums von Bordeaux zugrunde, die Tigerjagd hat sich in Rennes, die Eberjagd in Marseille erhalten. Das Deutsche Jagd- und Fischereimuseum in München besitzt jedoch eine komplette Serie dieser Kampfbilder in ausgezeichneten Kopien der Zeit. Wenn sie auch nicht die gewaltige Größe der Originale haben, so sind sie dabei doch so brillant gemalt, daß man wohl nicht fehlgeht, sie als auf besondere Bestellung ausgeführte Werkstattbilder anzusprechen.
Diese sogenannten Kampfjagden, bei denen häufig der Bär eine Hauptrolle spielte, findet man vom Ende des 16. bis zum Ende des 18. Jahrhunderts an mehreren Fürstenhöfen. Sie waren eine Nachahmung der altrömischen Tierkämpfe, bei denen entweder Tiere miteinander kämpften oder auch Menschen mit einbezogen wurden. 1690 bei einem Kampfjagen zu Augsburg, soll der Kurfürst von Sachsen und König von Polen, August (der Starke), in den Kampfplatz getreten sein und einem Bären mit zwei Hieben den Kopf abgehauen haben. Noch im Jahre 1796 wurden solche »Thierkämpfe« zu Regensburg in einem eigens dazu erbauten Hatzamphitheater abgehalten, welches zwei Jahre lang bestand. Ein Bierbrauer J. Dansinger war der Unternehmer, wie Kobell berichtet.
Neben der Vorliebe für erstklassige Gemälde und seiner Begeisterung für prunkvolle Waffen strebte Maximilian nach dem Exklusiven, handwerklich Perfekten, Seltenen. Kostbare Materia-

lien wie Edelsteine, Gold, Silber und Elfenbein zogen ihn an. In einem Bericht an den Herzog von Pommern gibt im Jahre 1611 der aus erster Hand informierte Augsburger Kunsthändler Philipp Hainhofer eine Aufzählung der Liebhabereien Maximilians. Er nennt Rosse, Jagd, Juwelen, Kunst – speziell dabei Gemälde – und als persönliches Hobby das Drechseln: »Die grösste recreation und unkosten dieses Fürsten seind die schöne pferd und schönes gestued, die Raiger- und Falckhenbaiss, die giore oder Clinodia, die Kunst und Mahlerey und dass Drehwerckh, wie dann Ihre Dhlt. gar schöne sachen drehen«.

Von Natur höchst anspruchsvoll und mißtrauisch, besaß Maximilian ein gutes Gefühl für künstlerische Qualität. Nachdem er in wenigen Jahren 1,6 Millionen Gulden Staatsschulden getilgt hatte, konnte er besonders in den Jahren 1611 bis 1618 seine Residenz ausbauen. Zahlreiche bedeutende Künstler arbeiteten für den Kurfürsten, der, so sparsam er mit dem Geld umzugehen pflegte, auch bereit war, für ein außergewöhnliches Werk angemessen zu zahlen, wenn der Preis sich nicht drücken ließ.

Eine herausragende Rolle unter den Künstlern dieser Epoche nahm Peter Candid ein. Der Niederländer, der noch in der Zeit Wilhelms V. nach München gekommen war, entwickelte eine umfangreiche und umfassende Entwurfstätigkeit. Baumeister, Bildhauer, Maler, Stukkateure und Teppichwirker standen unter seiner Leitung und arbeiteten nach seinen Entwürfen, so daß er schließlich das gesamte Kunstschaffen Münchens prägte.

Für den an der Jagd Interessierten und von eminenter Bedeutung für die Geschichte der Münchner Residenz ist die Entdeckung dreier aus dem Atelier des Peter Candid hervorgegangener Gemälde, die erst kürzlich erworben wurden. Sie gehörten ursprünglich zu einer sechs allegorische Darstellungen umfassenden Folge: Der Hofmaler Herzog Maximilians I. schuf gemeinsam mit seiner Werkstatt um 1613 die Gemälde für die Decken der im ersten Obergeschoß auf der Nordseite des Brunnenhofs gelegenen Räume (spätere Charlottenzimmer). Die von Michael Wening 1701 noch an Ort und Stelle genannten Leinwandbilder wurden im Lauf des 18. Jahrhunderts wegen des Umbaues der Räume entfernt. Drei Darstellungen – Falkenbeize, Jagd und Fischfang – gelangten später in Besitz der Bayerischen Staatsgemäldesammlungen und des Bayerischen Nationalmuseums. Die drei übrigen Werke, von Wening als »Abwart- und Einsamblung deß Oel-Gewächs«, »Weinbau« und »Erndt« beschrieben, galten als verschollen, konnten aber im Wittelsbacherjahr 1980 auf einer New Yorker Versteigerung – als venezianische Arbeiten des 18. Jahrhunderts aufgerufen – identifiziert werden.

Peter Candid, zumindest für die Konzeption verantwortlich, wählt bei jedem Motiv eine weibliche Hauptfigur, die durch Handlungen und Attribute als Personifikation der jeweiligen Tätigkeiten gekennzeichnet ist. Ihr sind gleichsam in dienender Funktion zumeist kauernde, oft in Halb- oder Dreiviertelfigur sichtbar werdende Gestalten zugeordnet, welche die eigentliche Arbeit verrichten. So hält bei der Darstellung der Jagd die Personifikation der »Venatio« das für die Hatzjagd geeignete Windspiel zurück, während der Jäger am langen Riemen einen Leithund führt, der das Wild aufspürt.

Deutlicher ist die Differenzierung des »Piscatus« (Fischfang) genannten Gemäldes, auf dem die kleinere Figur, mit Reuse, Netz und Holzbottich versehen, offenkundig den Stand der Berufsfischerei vertritt. Die allegorische Figur dagegen, sie hält Angelgerte und Lagel (zum Haltern der Fische), repräsentiert eher die noble Spielart des gleichsam jagdmäßig ausgeübten Fischfanges.

Das dritte ebenfalls in der Komposition sehr dynamisch aufgefaßte Gemälde – »Aucupium« – (Allegorie des Vogelfanges) behandelt die vornehmste Jagdart, die Falkenbeize, auf die an anderer Stelle noch eingegangen wird. Alle die unter starker Werkstattbeteiligung geschaffenen Gemälde vertreten exemplarisch den maximilianischen Hofstil, wie dieser während der ersten beiden Jahrzehnte des 17. Jahrhunderts in der Ausstattung der Münchner Residenz seine Ausprägung fand.
Nach dem Tod Kurfürst Maximilians I. zog mit Henriette Adelaide, der reizenden Gemahlin

Kurfürst Ferdinand Maria, genannt der Friedliebende. Geboren 31. Oktober 1636 in München, gestorben am 26. Mai 1679 in Schleißheim. Regierte von 1651–1679

des Kurfürsten Ferdinand Maria (1651 bis 1679), ein gänzlich neuer Geist in die Münchner Residenz ein. Da verschwand mit einem Mal die schwarze spanische Hoftracht, deren düstere Grandezza sich wohl zum letzten Mal bei dem Begräbnis Maximilians entfaltet hatte. Vorbei war auch der Alpdruck des schrecklichen Dreißigjährigen Krieges. Die junge Kurfürstin aus Savoyen mit ihrer glücklichen Mischung aus italienischem und französischem Blut brachte Licht und Freude in die still gewordenen Säle der Münchner Residenz. Dieser Umschwung der Stimmung kam auch in der Tracht zum Ausdruck: Man freute sich wieder an frischen Farben und kostbaren Stoffen. Auch die Waffen wandelten sich.
In diese Epoche fällt die vierte Phase der technischen Entwicklung der Jagd – die barokke. Den Beginn kann man um 1620 ansetzen und sie geht etwa bis 1800. In ihr wird die Jagd meist zu einem gesellschaftlichen Ereignis gemacht; Jagdarmbrust und Jagdschwert verschwinden fast völlig.
Erforderten die Hetzjagden und »Eingestellten Jagden« (das Wild wurde dabei in einen durch Tücher und Netze umgebenen Raum getrieben) in ihren Anfängen viel Geschicklichkeit, Können und vor allem Mut von den Jägern, so degenerierten sie im Barock häufig zu einem reinen Hofspektakel.
Die wichtigste Aufgabe in diesem feudalen Jagdbetrieb bekamen im zunehmenden Maße die spezialisierten Hilfskräfte, die für die Organisation und den Ablauf der Jagden verantwortlich waren. Dieses aus der Geschichte der Jagd nicht wegzudenkende Berufsjägerkorps mit den unterschiedlichsten Dienststellungen war hervorragend ausgebildet. Eine wichtige Aufgabe dieser »Privilegierten« war es, mit Hilfe der zu Frondiensten abgestellten Bauern, das zu jagende Wild vorher in einen mit Hecken, Netzen und Tüchern umzäunten Wald zusammenzu-

bringen – »einzustellen«. Zum Fangen des Wildes bei den »Jagen im Zeug« hatten im Mittelalter vorzugsweise lebende Hecken – meistens Hainbuchen – gedient, mit Schlingen und beutelförmigen Netzen in den Durchgangsöffnungen. Nach und nach wurden diese Hecken durch bewegliche Netze und hohe Tücher ersetzt, denen schon Roy Modus und Foix (Hauptquelle für die Technik der mittelalterlichen Jagd) im 14. Jahrhundert den Vorzug gegeben hatten.

Obwohl man diese Jagdtechnik schon im Altertum kannte und an fast allen Höfen Europas pflegte, entwickelten gerade die deutschen Fürsten eine besondere Vorliebe für diese Jagdart. Um die Mitte des 17. Jahrhunderts taucht dann auch bereits für dieses Totschießen des zusammengetriebenen Wildes in einem mit Tüchern und Netzen umstellten Bezirk der Name »Teutsches Jagen« auf. Es scheint, daß die Landesherren in unseren Breiten in der reinen Küchenjagd ihr Hauptvergnügen fanden. Körperlichen Anstrengungen waren sie weniger geneigt, und ihre persönliche Tüchtigkeit und ritterliches Können suchten sie durch eine große Strecke unter Beweis zu stellen.

Zum Einstellen des Wildes dienten zunächst die hohen Tücher, riesenhafte Leinwandstreifen von fünf Ellen Höhe und zweihundert Ellen Länge. An die Längsseiten dieser Tücher waren Ringe genäht, durch die hanfene Stricke gezogen wurden, richtige Ankertaue, namentlich die obere Leine, die eine Stärke von drei Zoll hatte. Das hochgestellte Tuch ruhte auf hölzernen Stangen, sogenannten Forkeln, die oben eine Gabel hatten, in die man die obere Leine einlegte. Die untere Leine war durch Haken festgepflockt, während von der Oberleine nach beiden Seiten schräge Windleinen – sie waren an kleine Pfähle angebunden – für die Seitenstabilisierung sorgten.

Jedes Tuch war mit den folgenden durch längliche Knöpfe und Öffnungen verknüpft. Im Wagen wurden die Tücher zum Stellplatz gefahren. Dort teilte sich die Wagenreihe und umfuhr langsam den einzustellenden Bezirk in entgegengesetzter Richtung, während die Tücher von jedem Wagen abgeworfen und aufgerichtet wurden.

Neben den Tüchern waren Lappen sehr beliebt, wenn es galt, einen Bezirk in Eile zu umstellen, etwa, wenn die Jäger Rotwild bestätigt oder Wölfe eingekreist hatten (Täntzer, »Jagt-Geheimniß«). Döbel schreibt in seiner Jägerpraktika, daß die Vorbereitungen zu diesen Hauptjagen sehr umfangreich waren und vier bis fünf Wochen dauerten. Die erste Arbeit hatten die »Besuchsknechte« zu leisten. Das waren Hundeführer, die mit ihren Leithunden die Waldränder am Morgen nach Fährten absuchten, um möglichst genau im einzelnen zu melden, wieviel jagdbare und wieviel schwache Hirsche, Tiere und Kälber in den Dickungen standen. Wenn Wild bestätigt war, wurde schnell die Treiberkette angestellt, um es allmählich nach dem Platz zu drängen, der für die Jagd bestimmt war. Wo ein Trieb aufhörte, wurde zur Verhütung des Rückwechselns eine Linie von Federlappen (an einem Seil paarweise aufgehängte Federn) aufgebaut. So wurde Tag für Tag immer mehr Wild zusammengetrieben, bis das Revier so klein geworden war, daß Lappen, Netze und Tücher ausreichten, um es gänzlich einzustellen. Solange das Wild nur mit Lappen umstellt war, lag immer die Gefahr des Ausbrechens vor (daher die Redewendung »durch die Lappen gehen«), zumal in der Nacht; deswegen mußte die Lappstatt scharf bewacht werden. In weitem Bogen zogen sich im Dunkel der Nacht die Lagerfeuer hin, und Hunderte von Menschen lagen müde im weichen Laub des Waldbodens. War das »Zeug« endlich aufgestellt, mußte auf die Tücher und Leinen besonderes Augenmerk gelegt werden, um je nach Witterung – Feuchtig-

Suchjäger (Besuchsknecht) mit Leithund. Federzeichnung von Johann Elias Ridinger, 1739. Deutsches Jagd- und Fischereimuseum.

Parforce-Jäger mit Meute. Als Malgrund für das Ölgemälde diente ein Kupferstich von Martin Elias Ridinger, den dieser nach Entwürfen seines Vaters Johann Elias Ridinger herstellte.

»Curée«. Porzellanmanufaktur Nymphenburg. Die Jagduniformen weisen auf die Mitte des 18. Jahrhunderts, die Regierungszeit des Kurfürsten Max III. Joseph.

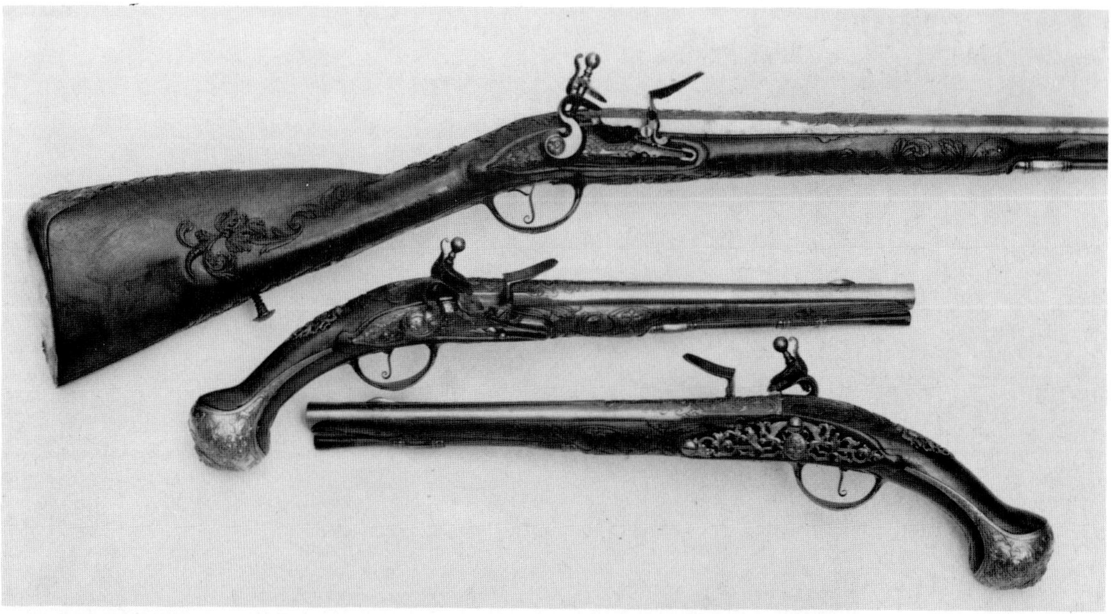

Oben:
Steinschloßflinte und zwei Pistolen von Pierre Boudson, Anfang des 18. Jahrhunderts. Die Gravuren zeigen das Bayerische Wappen mit Kurfürstenhut, jedoch ohne Reichsapfel. In den Beschlägen plastische, goldunterlegte Portraits. Privatbesitz.

Links:
Hirschjagd zu Pferd mit Pistolen. Unbekannter Meister des Donauraumes um 1740. Deutsches Jagd- und Fischereimuseum.

keit oder Trockenheit – die Tücher und Leinen zu spannen oder nachzulassen. Auch die Jagd-Schneider und Jagd-Seiler hatten sich in ständiger Bereitschaft zu halten, um durch ausbrechendes Wild beschädigtes Zeug auszubessern.
Den Kernpunkt dieser »teutschen Jagd« bildet eine Arena, die aus drei Teilen besteht: dem Zwangtreiben, der Kammer und dem Lauf. Sie hatte den Grundriß einer nicht zu langen, in der Mitte etwas schmäler werdenen Wurst und wurde rings mit hohen Tüchern umstellt. An der schmäleren Stelle war die Arena durch das sogenannte Quertuch in zwei Teile geschieden, deren einer den Lauf umfaßte, während der andere zunächst die Kammer und im hinteren Teil das Zwangtreiben – durch ein Tuch oder Netz getrennt – enthielt.
In das Zwangtreiben wurde das Wild zuletzt hineingedrängt, um von dort in die Kammer und durch das Öffnen des Quertuches auf den »Lauf« zu flüchten. In der Mitte des Laufes war für den Landesvater und die Seinen ein Schirm errichtet worden, ein kleines Haus aus Holz, von dem aus ohne Gefahr für Leib und Leben das anlaufende Wild erlegt werden konnte.
Diese Jagdtechnik – das »teutsche Jagen« – erfreute sich bis ins 19. Jahrhundert hinein an den Höfen großer Beliebtheit – und daß sie auch für die Bevölkerung – zumindest in der Endphase – die Möglichkeit zum Aufbessern des Lebensunterhalts bot, zeigt ein Spruch aus dem bayerischen Oberland: »Wo der Hof ist, da ist Verdienst und Auskommen«.
Oberforstmeister Hauber, der für Prinzregent Luitpold und König Ludwig III. die letzten königlich bayerischen Gebirgstreibjagden ausrichtete, schreibt in seinem Gamswildbuch (1924) über zwei ganz große eingestellte Jagden im Gebirge und gibt genaue Angaben über das verwendete Jagdzeug: 95 Gemsen erlegte König Max I. bei der Jagd am Priesberg, Anno 1822 und 64 Stück waren es im Jahr 1825. Um diese Strecken zusammenzubringen, brauchte man 4 Wochen, um 3450 Klafter = 5831 Meter Jagdzeug (Netze und 1400 Richtstangen zum Befestigen der Netze) auf den Berg zu transportieren und aufzustellen!«
Der waidgerechte Jäger von heute lehnt diese alten Jagdformen natürlich ab, und neigt vielleicht dazu, die Jäger jener vergangenen Epoche als reine Schießer zu verurteilen. Man darf aber bei der Betrachtung dieser »eingestellten Deutschen Jagen«, die um die Wende vom 16. zum 17. Jahrhundert zur Vollkommenheit entwikkelt waren, nicht außer acht lassen, daß etwa die Pirschjagd, wie wir sie heute kennen, zumindest für einen Fürsten nicht üblich war. Die Jagdethik ist immer eng mit der Jagdtechnik verknüpft. Vielleicht werden spätere Generationen die heute noch üblichen Kesseltreiben auf Hasen ebenso verurteilen. Man muß sich tatsächlich fragen, ob ein Feldhase vor der drohenden Treiberkette weniger Angst hat, als ein Hirsch oder eine Gemse in den hohen, hellen Tüchern einer eingestellten Jagd.
Wie mit einem Schlag die üppige Welt des Barock auch am Münchner Hof eingezogen war, so änderte sich das Wesen der Jagd: Dem Zeitgeist entsprechend rückte äußere Prachtentfaltung in den Mittelpunkt, obwohl auch hier, wenigstens noch unter Kurfürst Ferdinand Maria, weise Mäßigung geübt wurde. So ist bei Anwesenheit des Kaisers Leopold I. im August 1658 diesem zu Ehren »zu Schleißheim in der Garchinger-Au ein Gejait vorgegangen, in welchem, ob schon etlich hundert Stück Hirschen gewesen, doch weil Ihro Majestät so gewollt über 60 Stück nicht gefällt worden«.
Eine andere Jagd wurde im Perlacher Forst gehalten, auf der auch unter Zelten und »Lauberhütten« das Mittagsmahl eingenommen wurde. Dabei hat man »nur hundert Stück ob wohl über fünfhundert Stück Hirschen vorhand gewest, gefällt und seyn Ihro Majestät sampt

Kupferstich von Michael Wening: Der Bucentaurus mit seinen Begleitschiffen, 1701

den Churfürstlichen Persohnen zu solchen in ihrem schönen Leibwagen innen und außen mit Gold hoch erhebt und gestickt, auss der Statt in feiner Ordnung mit Trompeten und Heerpaukken gefahren«.
In jene Zeit fällt auch der Bau des weltberühmten Prunkschiffes Bucentauro – dem italienischen Architekten Santurini wurde vom Kurfürsten dieser stolze Auftrag erteilt –, das in der Jagdgeschichte des Landes auf lange Zeit hin eine so wichtige Rolle gespielt hat. Alle Herrlichkeiten und Merkwürdigkeiten, die man in Bayern jemals hatte sehen können, so berichten

einstimmig die alten Quellen, überflügelte diese Prunkgaleere, wenn sie mit ihrer Flotte von Begleitschiffen auf dem Starnberger See dahinsegelte. Nicht nur, daß das Schiff jenem vielgerühmten Vorbild aus Venedig an Schönheit und Größe nicht nachstand: Es war sogar heiterer und prächtiger.
Von diesem Schiff aus fand schon 1671 beim Besuch des Erzbischofs von Salzburg, Max Gandolph von Khüenburg, eine Wasserjagd statt. Eine große Anzahl von Hirschen, die sich, von den Hunden verfolgt, in den See stürzten, wurden von den Fürsten im Wasser schwimmend abgeschossen.

Sehr beliebt wird in der barocken Phase ein neuer Zündmechanismus bei den Handfeuerwaffen, das Steinschloß. In Deutschland war schon im 16. Jahrhundert neben dem komplizierten Radschloß das wesentlich einfachere »Schnappschloß« entstanden, das jedoch erst im 17. Jahrhundert weitere Verbreitung fand. Bei diesem Mechanismus werden die Funken nicht wie beim Radschloß gerissen, sondern geschlagen. Der unter Federspannung nach vorne schnellende Hahn, in dessen Klemmbakken der Feuerstein festgeschraubt ist, trifft auf eine Stahlfläche, von der die Funken in die darunterliegende Zündpfanne fallen.
Neben den kostbaren Feuerwaffen führte der

Steinschloß außen

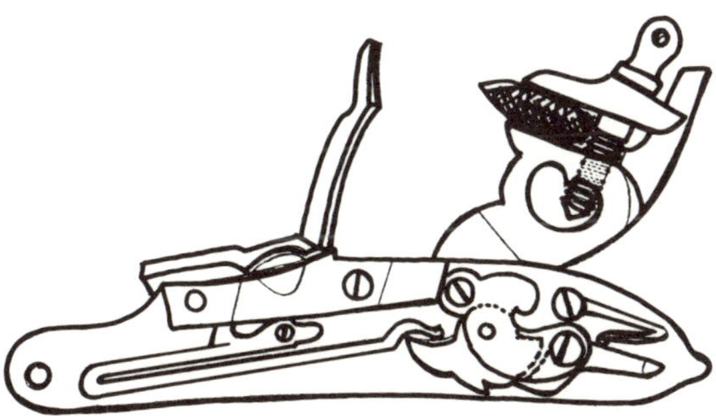

Steinschloß innen

Jäger des Barocks eine Reihe von Blankwaffen, wobei besonders der prächtig verzierte Hirschfänger eine dominierende Rolle bei der Parforcejagd spielte. Diese Jagdmethode verbreitete sich gegen Ende des 17. Jahrhundert von Frankreich ausgehend an den Höfen Europas. Sie war eine Jagdkunst, die ein kompliziertes Reglement und einen erhöhten Aufwand an Jägern und Hunden erforderte. Im Gegensatz zu den bisher üblichen Hetzen und eingestellten Jagen, bei denen es auf die Menge des erlegten Wildes ankam, galt sie nur einem Jagdtier, meist dem Hirsch.

Besondere Bedeutung kam dabei dem Leithund zu, den der Suchjäger, auch »Besuchsknecht« genannt, am langen Riemen führte, um den

Standort des Hirsches auszumachen. Nachdem der Hirsch durch diesen Leithund bestätigt war, wurden teils berittene Jäger, teils solche zu Fuß mit Hunden auf die sogenannten »Fürlagen« oder »Relais« verteilt, das heißt, an Orte, welche der Hirsch auf seiner Flucht passieren mußte.

Nachdem sich der Jagdherr mit seinen Gästen hoch zu Roß zum Standort des bestätigten Hirsches begeben hatte, wurde dieser durch

Spanisches Schnapphahnschloß

Aus dem »Vollkommenen Teutschen Jäger« von Hanns Friedrich Flemming, 1719

den »Oberpiqueur« mit ausgewählten Hunden »lanciert«, das heißt aus dem Dickicht gejagt und mit der Meute, die an die hundert und mehr Hunde zählte, verfolgt. Kam das gehetzte Tier dann an die »Relais«, folgten ihm die dort bereitstehenden Jäger mit den abgestellten frischen Hunden. Mit Weidgeschrei ging's dahin – oft bis in die Nacht hinein.

In der schnellen Verfolgung des Hirsches durch die Meute und die berittenen Jäger, in der Unterscheidung vom übrigen Rotwild und im Wiederauffinden der verlorenen Spur, lagen der Reiz und die Bedeutung dieser Jagdart. Besonders wichtig waren für den Ablauf der Jagd die Verständigungssignale, die auf dem Parforcehorn geblasen wurden. Bekamen etwa die Piqueure den von den Hunden gejagten Hirsch zu Gesicht, wurde »la vue« geblasen, um die Jagdgesellschaft vom Stand der Hetze zu benachrichtigen. Hatte der Hirsch sich dann endlich vor den Hunden gestellt, erschallte aus den Hörnern der Jäger der Fürstenruf, der den Höhepunkt und das Ende der Parforcejagd einleitete. Dr. Georg Hartig beschreibt in seinem Lehrbuch für Jäger, das 1852 in Stuttgart und Tübingen herauskam, diesen Teil der Jagd: »Alsdann wird von der Jägerei der Fürstenruf geblasen, worauf der Herr der Jagd und die ganze Jagdgesellschaft hinzueilt, und dem Hirsche entweder vom Herrn selbst, oder von einem dazu Ernannten, ein Fang mit dem Hirschfänger hinter das Blatt oder in die Linke

Brusthöhe gegeben, oder ihm eine Kugel über die Augen in den Kopf geschossen wird. Während dieß geschieht, zieht die Jägerei mit entblößter rechter Hand den Hirschfänger einige Zoll aus der Scheide, ruft einstimmig Halali! und bläst die Fanfare la mort.«

Es folgt im genannten Lehrbuch für Jäger noch die genaue Anweisung, den Hirsch aufzubrechen, dabei vor dem Zerwirken und Zerlegen die vier Läufe so abzulösen, daß die Haut vom Knie an daranbleibt. Diese Haut wurde dann so aufgeschlitzt, daß der Lauf an den Hirschfängergriff gehängt werden konnte. Dem Herren der Jagd gebührte der rechte Vorderlauf mit einem Eichen- oder Nadelholzbruch. Die anderen Läufe, ebenfalls mit Brüchen, wurden dem Rang nach auf die anderen Teilnehmer der Jagd verteilt.

Je mehr die Methode, den Hirsch oder auch manchmal das Wildschwein »parforce« zu jagen, verfeinert wurde und »Piqueure« (berittene Jäger, die die Jagd leiten) Verwendung fanden, um so mehr ging bezeichnenderweise die Jagdpoesie verloren. Diese spricht beredt aus den Aufzeichnungen früherer Zeit. In einem Gedicht von Gasse de la Bigne, aus dem Jahr 1359 heißt es ins Hochdeutsche übertragen: »Wer einmal das Geläute der Hunde gehört hat, wird sich wohl schwerlich ein anderes Paradies wünschen, und der Ton eines Hifthorns übertrifft auch gewiß die Musik der Engel.«

Besondere Pflege erfuhr die Parforcejagd unter Kurfürst Max II. Emanuel von Bayern (1679 – 1726). Die Zeit des Exils in Frankreich hatte den Kurfürsten mit der verschwenderischen Pracht und den pompösen Jagden am Hof des Sonnenkönigs Ludwig XIV. vertraut gemacht. Noch in Frankreich ordnete er die Neuanlage des Forstenrieder Parks an. Dazu verfügte er die Erweiterung der schon 1687 begonnenen Einteilung mit Sternanlagen und Geräumden, sowie die Einzäunung des gesamten Areals mit einem Dillzaun.

Diese »Sterngeräumde«, denen man die Bezeichnungen wie »beim großen Stern«, beim

Kurfürst Max II. Emanuel. Der Blaue Kurfürst. Geboren am 11. Juli 1662 in München. Gestorben am 26. Februar 1726 in München. Kurfürst 1679–1726. 1704 bei Höchstätt geschlagen, geächtet und vertrieben, 1714/15 erhält er Bayern zurück.

»Marienstern« gab, waren durch die Forsten geschlagene Schneisen. Sie wurden aufgeharkt, und man säuberte sie von Wurzeln und Stein, so daß die Pferde gut laufen konnten und die Reiter einen angenehmen Ritt hatten. An zentral gelegenen Plätzen wurden dann diese sechs- bis achtfach sternförmig nach allen Seiten auslaufende Durchhaue angelegt, um von dort aus den Verlauf der Jagd zu übersehen und ihr bequem folgen zu können.

Der »Blaue Kurfürst«, über den der große französische Schriftsteller Fenelon schrieb: »Er ist durch und durch Fürst, das heißt schwach in der Lebensweise und verderbt in den Sitten ... er tröstet sich mit Mätressen, er verbringt die Tage auf der Jagd, er bläst Flöte er kauft Bilder ...«, hielt schon im Jahre 1690 im Forstenrieder Park mehrere Parforcejagden ab. Besonders berühmt wurde aber jene Jagd am Starnberger See, die er 1722 abhalten ließ und die bereits deutlich zeigte, wie die Jagd in jenen Zeiten schon zu einem nach der Mode gestalteten Schauspiel gemacht wurde.

Es begaben sich der Kurfürst mit der Kurfürstin, die Prinzessinnen, der Kurfürst zu Köln, die Hofdamen und zahlreiches Gefolge auf Schiffen nach dem Uferteil an den der Park von Forstenried angrenzt. Die höchsten Herrschaften hatten den Bucentauro bestiegen, die übrigen, je nach Rang, die kleineren Schiffe. Im Park war ein Auslaß so eingerichtet, daß der gejagte Hirsch gezwungen werden konnte, dort auszubrechen und sich in den See zu stürzen.

Diese Jagd, wenn man sie so nennen will, wurde seitens der Jagenden zu Pferde gehalten, war also eine Parforcejagd, wie sie der ungewöhnlich mutige Kurfürst liebte. Der Todeskampf des Hirsches fand aber im Wasser statt, widersprach also den klassischen Regeln der Parforcejagd.

Sicher war die Jagd auf den edlen Rothirsch in ihren vielen Varianten, – sei es mit dem Hirschfänger, mit dem Gewehr oder mit der Pistole – die vornehmste und beliebteste Jagdart dieser Zeit, doch auch die Jagd auf kleines Wild, wie zum Beispiel den Biber, behielt sich Max Emanuel vor. So erschien 1685 ein besonderes Verbot des Biberfangs in der unteren Isar: »Demnach wir Vorhabens sind hierfüran zu ein oder anderer Zeit Unsere Lust mit Fangung der Biber auf der Isar unterhalb Landshut hinab zu suchen, als ist unser gnädigster Befehl anmit, daß kein Fischer so von gedachten Landshut hinab bis in die Donau auf besagter Isar zu fischen pflegt, sich bei schwerer und unausbleiblicher Leibesstrafe unterstehen soll, einige Biber zu fangen«.

Die Beute war übrigens ein willkommener Leckerbissen am Hof. Biberschwänze und Füße wanderten in die Töpfe der Hofküche. Auch Wildenten waren eine willkommene Abwechslung auf dem fürstlichen Speiseplan. Von 1841–1845 sind zum »Zwirchgewölb« in München jährlich fast 1877 Stück und 100 Blasseln (Bläßhühner) geliefert worden. Außer von »churfürstlichen fängern« kam dieses Wasserwild auch direkt von den großen Hofjagden, die meist am Starnberger See abgehalten wurden. Kobell schreibt in seinem Wildanger einmal von einer Strecke von 300, ein andermal von 524 Stück.

In einer Zeit, in der an den deutschen Höfen die üppige Welt des Barock eingezogen war und sich französische Piqueurs, die man kommen ließ, mit ihrem jagdlichen Können wichtig taten, ertönte in den heimischen Wäldern ein ungewohntes Kauderwelsch. Vielen einheimischen Jägern zum Ärger, mußte nun ein braver bayerischer Besuchsknecht zu seinem Hund

Titelkupfer zu »Fürsten-Lust oder der Edlen Jagdbarkeit« von Johann Elias Ridinger, 1729

statt des gewohnten »recht so Gesellmann« ein mechanisch eingelerntes »Am tu dies vrai« sagen und so befremdende Hundenamen wie »Aimable«, »Amant«, »Charmante« oder »Comtesse« in den Mund nehmen.

Johann Elias Ridinger, der ohne Einschränkung als der größte deutsche Darsteller der Jagdsitten seiner Zeit gelten darf, hat in seinem graphischen Werk eine genaue Schilderung dieser Epoche hinterlassen. Der 1698 in Ulm geborene Künstler fand nach seiner Freisprechung zunächst Anstellung bei Johannes Flach und bei einem anderen Augsburger Maler und Vergolder, doch hat ihn diese abhängige Tätigkeit nie befriedigt. Die ersten Versuche, »nach seinem natürlichen Triebe« in der Natur auf eigene Weise Pferde und andere Tiere zu malen, wurden durch eine Einladung beim Grafen Metternich in Regensburg unterstützt. Wie der Biograph Thienemann 1856 schreibt, kehrt Ridinger nach drei Jahren endgültig nach Augsburg zurück und wurde der zu seiner Zeit berühmteste Darsteller von »Tieren jeglicher Art in Stärke und Mattigkeit, in Geschwindigkeit und Trägheit, in Ruhe und Flucht, in Furcht und Listigkeit, in Hitze und Brunft, in Zorn, Grimm und Wuth, in Schmerzen und Todesangst«.

Bei diesem Studienaufenthalt in Regensburg eignete sich Ridinger das fundierte Fachwissen über die »Reitschul und Jägerey« an, was später dazu führte, daß man ihn häufig als »gelernten Jäger« bezeichnete.

»Wie viel Nutzbares findet nicht ein Liebhaber der Reitkunst und Jagd in seinen Werken?«, so die rhetorische Frage des Biographen und Kunstsammlers Thienemann, und das »Nutzbare« ist zweifellos ein Gesichtspunkt, unter dem man die Werke Ridingers sehen kann. Ein anderer ist sicherlich die Darstellung des Lebensgefühls im Spätbarock, veranschaulicht im Thema Jagd. Zwei Aspekte bestimmen die Jagd dieser Epoche. Der eine ist die Repräsentation einer Standesgesellschaft, die den Jäger zum Akteur in einem präzise geplanten Schauspiel macht. Der andere Aspekt ist dem ersten entgegengesetzt: Die Natur – die Kulisse dieses Schauspiels – läßt sich nicht in ein Schema pressen. Johann Elias Ridinger, der 1759 Direktor der Malerakademie in Augsburg wurde und 1767 in Augsburg gestorben ist, hinterließ ein Werk, das beiden Gesichtspunkten in vollendeter Weise gerecht geworden ist.

Die von Max Emanuel eingeführten, aufwendigen Jagdspektakel wurden nach dessen Tod ungeachtet der hohen Verschuldung des Landes weitergeführt. Wie sein Vater war auch Kurfürst Karl Albrecht (*1697, † 1745), der 1742 zum Kaiser gewählt wurde, ein passionierter Liebhaber der Jagd. So wimmelte es in seinen Schlössern von Hunden, und sein vierbeiniger Favorit lag stets in Schleißheim in einer Loge neben seinem Bett, während sich zwölf andere in eigens dazu eingerichteten Kojen im angrenzenden Schreibsaal befanden. Unmittelbar nach seinem Regierungsantritt opferte der junge Kurfürst zum Beweis für seine redlichen Sparabsichten zwar fünfhundert edle Reitpferde und zweitausend kostbare Jagdhunde, da die Parforce-Jagden »bis auf weniges gar abgeschafft« werden sollten. Die überhastet, wenn auch sicher in redlicher Absicht getöteten Tiere wurden aber sehr schnell um teueres Geld wieder angeschafft, um der fürstlichen Lieblingsbeschäftigung in angemessener Form nachgehen zu können (dazu Werner Loibl, »Die Jagdbauten Karl Albrechts im ehemaligen Hirschpark«).

Vom Kaiser des Rokoko sind mehrere Jagden auf Rot- und Schwarzwild verzeichnet, so eine Schweinsjagd von 1727 im Geisenfelder Forst, welche teils aus Hatzen, teils aus Schützenjagden bestand und an der die Kurfürstin, die Herzöge Ferdinand und Theodor und andere

Herren von Stand teilnahmen. Auf einer Jagd, die vom 11. bis zum 19. Oktober dauerte, wurden insgesamt 348 Stück erlegt, worunter 52 hauende Schweine waren. Die Stärksten erlegte der Kurfürst selbst mit 238–264 Pfund. Auch die Kurfürstin erlegte einen Keiler von 264 Pfund.

Ein Kammerfräulein der Kurfürstin Amalie, Fräulein Therese von Gombert, hat in ihrem Tagebuch ein Pirschabenteuer des Kurfürsten festgehalten, das in die Jagdgeschichte Bayerns eingegangen ist: »Am 26. November 1734 befand sich Kurfürst Karl Albrecht auf der Eberjagd im Forstenrieder Park. Er verfolgte eben einen schweren Keiler, als dieser durch ein aus Versehen des Wächters offengelassenes Tor ins Freie hinausrannte und über die Würm schwamm. Der Kurfürst ritt, um den Weg abzukürzen, über den Fluß, wollte aber am jenseitigen Ufer, da es sehr steil war, nicht hinaufreiten und stieg ab, um die Anhöhe zu Fuß zu erklimmen. Da brach der Ast, an dem er sich gehalten, und stürzte in die eiskalte Würm, die an dieser Stelle ziemlich tief und reißend war, sein Pferd aber sprang davon. Die großen Stulpenstiefel, die sich voll Wasser sogen, hinderten ihn am Schwimmen, er entledigte sich deshalb eines Stiefels mit Mühe, erreichte glücklich das andere Ufer und warf auch den anderen Stiefel hinterher. Also strumpfsockig und patschnaß tappte er fast eine Viertelstunde weiter, von Zeit zu Zeit einen Jagdruf ausstoßend, bis ihn Baron von Mayerhofen hörte, der nicht wenig erstaunt war, seinen Kurfürsten allein, zu Fuß, strumpfsockig und naß wie eine getaufte Maus zu erblicken. Der Baron lieh ihm sein Pferd, und so ritten sie zur Grub-Mühle (oberhalb Kraillings), wo der Baron dem Kurfürsten auch noch seine Stiefel und seinen Mantel gab. Vom Müller lieh er sich ein Paar Schlappschuhe und ein Pferd, und so ritten die beiden nach Schloß Fürstenried zurück, von da ging's mit dem Schlitten in die Residenz.« (zit. nach Spengler, »Es geschah in München«)

Der Hofmaler des Kurfürsten, Peter Jakob Horemans, hat dieses Geschehen auf einem Gemälde in der Amalienburg nacherzählt: Während Karl Albrecht – mit Hut in der Bildmitte – sich die Stiefel anziehen läßt, liegen die Schuhe des Grubmüllers am rechten Bildrand vor dem Bruder Ferdinand Maria. Dieser wechselt gemeinsam mit dem dahinter stehenden Johann Theodor das Schuhwerk – ein Vorgang, der damit zusammenhängen könnte, daß Karl Albrecht die Stiefel seines Bruders übernahm. Im Bildvordergrund werden dem durchgegangenen Pferd die Augen zugehalten, dahinter deutet Graf Törring-Jettenbach auf die Karte des Forstenrieder Parkes. Links davon zeigt neben Graf Preysing Baron Mayrhofen den Hut Karl Albrechts, der mit Schlingpflanzen aus dem Wasser gezogen wurde. Unmittelbar hinter dem Kurfürsten steht Graf Lippiziani mit den nassen Kleidern über dem Arm, während sich an seiner Seite der Kurprinz Max Joseph, der Neffe Clemens Franz und der natürliche Sohn Graf Holnstein drängen. Hinter der Vierergruppe von Musikern besteigt Maria Amalia die wartende Kutsche, sie wird von ihrer Tochter Maria Antonia begleitet. Vor den Kutschpferden wartet der Müller von Grubmühle mit seinem ausgeliehenen Pferd. Im Hintergrund lagert sich die Jagdgesellschaft, die Kraillinger Route führt an der Front des »Blauen Hauses« vorbei nach Westen.

Die Hofbediensteten sind durchweg gut genährt, einer dient sogar als fürstliche Sitzgelegenheit, während ein anderer Knödel und Flasche zur Stärkung bringt.

Wie hervorragend der Künstler die Geschichte des Jagdunfalls in seinem Bild nacherzählt, ohne den Sturz ins eiskalte Wasser der Würm selbst darzustellen, unterstreicht auch eine anonyme Schilderung des Vorganges aus Hofkreisen, die im geheimen Hausarchiv zu München erhalten ist: Den 26.ten gbris a 1734 sind Ihro Churfürstl. Durchl. sambt Ihro Durchl. Die Churfürstin auf die Schwein parforce-jagd ausgangen, wo die Jagd bey zwey stundt nach wunsch gangen, und die Sau schon würcklich vor denen Hundten gehalten und sovil als forcieret war, als sich ungefehr eraignet, das eine bariere von parc offen stund und die Sau hinaus und dem Würmfluß zugesprungen, wo sie wider von denen Hunden gehalten, weilen aber aldorten kein paßage und die Sau indessen die waithe angriffen und von denen Hunden verfolget worden, so haben Sr. Churfürstl. Durchl. die übrige Cavaliers und alle Piqueurs, welche bey der Jagd waren, sich zerthaillet und aber Rechts und Links eine Prucke oder paßage gesucht und sich solchergestalten alle zusammen verwaillet, das Ihro Churfürstl. Durchl. sambt dero Edlknaben Grafen Livizzanni, der Baron Freyberg und Piqueur von rechter seith die erste, obrist Jägermeister Baron Preysing aber mit einem Piqueur linkerseits über die Prucke etwas später hinüber kommen, sie doch widerumb jenseith sich versamlet und die hund angetroffen, allwo Sr. Churfürstl. Durchl. in dem Schnee noch mehr Hundt voraus gestürmt und also geruffen, das dise angetroffne Hundt nur die traineurs und lezte Hundt sund. Man müsse die tete der ersten Hundt einholen, worauf der Obrist Jägermaister, welcher sonsten der schärftste Raitter und nebst Sr. Churfürstl. Durchl. sich allzeit bey denen ersten Hunden fündet, jämerlich gestürzet und zuruck geblieben, Sr. Churfürstl. Durchl. aber schnell vort gesprenget, die erste Hundt alsobald gehöret und selbe eingehollet und nit mehr verlassen, wo unter dessen alle Piqueurs und alle übrige bey einem halben Virtl Stundt zuruck mit denen traineurs immer parchaßiert haben, da dann Sr. Churfürstl. Durchl. also alleinig waith vor allen anderen forth gejaget und da die schon völlig abgemattete Sau wider das Wasser suchte und würcklich darinnen gehalten, so wollen Ihre Churfürstl. Durchl. weilen Sie allein waren, die jagd nit mehr verlassen und folgten denen Hundt, bis in den Würmfluß, allwo wegen des jenseitigen hohen gestatts sowol als reissenden Wassers, weilen aldorten der Fluß eng beysamen, kein paßage ware, doch weilen Ihre Churfürstl. Durchl. bey dem allzeit claren Würmwasser den grund durchgesehen, so sind Selbe hinein geritten und das Pferd bis zum hohen Gestatt, alwo das Wasser was tieffers und noch reißender worden, also zwar das in selben orth das Wasser einem Mann bis unter die Achsel gehet, das Pferdt gewendet und von selbem in das gestatt hinausgesprungen in einer Handt das Pferdtzaum, in der andren eine dicke stauden haltend auf solche weis hofften Dr. Churfürstl. Durchl. das Pferdt welches ansonsten schon über die zaun gesprungen, hinaus zu zwängen, so Stauden aber, so von der Kälte ganz waich ware, brach jähling ab und Sr. Churfürstl. Durchl. füellen rückling in den reißenden Fluß, wo dann Selbe zwar noch zwey mahl einige Stauden erwischet, welche aber allezeit abgebrochen, das Wasser aber Selbe immerfort hinweck gerissen, die harte französische stiffel also schwer und voller Wasser, wie auch die übrige Klayder worden, also zwar, das höchst Dieselbe sich nit mehr zu helfen gewußt, wan sie nit immer gegenwärtig gewest und sich keinen augenblick verloren hatten, dergestalten, daß Sie sich in dieser gelegenheit annoch das Schwümmen lernen erinert, obwohl die füeß wegen der schweren stiffeln nit zu gebrauchen waren, so haben Dieselbe den athem an sich gehalten sich stät auf dem Rücken vortrünnen lassen und unter dem Wasser die Stiffel von sich zubringen gearbeithet und da dies an einem fuß gelungen, haben Sie sich sovil geholfen, daß Sie sich fürwärts werffen und dem gestatt nähern können, allwo Sie bey einer stauden auch den andern Stiffel von sich geworffen und sich vollständig hinaus gearbeitet haben. Nach diesem haben Sie die nit weith davon entlegene »Gruobmühl«, wo die mit denen traineurs nachgefolgte übrige Piqueurs und Cavaliers unterdessen paßirt hatten erkennet, durch ein am fluß ligendes mößel gewadet und über zwey Zäun gestigen und solchergestalten durch den Schnee in strümpfen und ganz naß schweren Klaydern benannter Mühl zugegangen, allwo, da Sie noch Blasen hören und sich eingeredet, es werden noch nit alle über die Prucken sein, Sie zweymahl auf dem Veldt nach der auf denen Jachten gewohnlichen arth hauto haut geruffen, welches dann dero Vice Obrist Stallmeister Baron von Mayrhofen, welcher seines gnädigsten Herrn Stimm gehört, mit einem Piqueur zugeritten und Ihro Churfürstl. Durchlaucht ganz nachent bey der Mühl angetroffen, allwo gemelter Herr Baron v. Mayrhofen Ihro Churfürstl. Durchl. sein Pferdt und Stiffel gegeben, von dem Mühler vor sich die Pantoffel entlehnet und auf des Piqueurs Pferdt gesässen, sodann miteinander Fürstendriedt zugeritten. Unter dieser Zeit haben die übrige Piqueurs und Cavaliers wahrgenommen und erfraget das niemand mehr voraus und si Sr. Churfürstl. Durchl. verloren hatten, glaubten also sie jagden dem change und Sr. Churfürstl. Durchl. wären mit der rechten jagd anderwärtshin gekommen, haben also die Hundt gebrochen und suchten den Churfürsten, da Ungefehr ein Paur das leer Pferdt gebracht und sie in grossen schröcken setze, welcher noch vermehret worden, da der vice Obrist Jägermeister Baron Ingenheimb, welcher der Hunden geföhrt und einen Huofschlag, so neben des Churfürsten ware, in dem Schnee bis an die Würm, wo die sach geschehen gefolget aldorten jenseits an einer stauden einen harten französischen Stiffel hangen gesehen, wo der andere, so in dem Wasser weckgeworffen und zur Stundt nit gefunden worden, sich eingebildet es hette es einer umb die Sau besser zurzukommen mit fleiß von sich geworffen, hat aber alldorten zu paßiren sich nit unternommen und lieber den Stiffel hängen lassen als sich in die gefahr zuertrünken geben, da er dann ein andern paßage gesuchet und wiederumb zu denen anderen gekommen, ihnen solches erzehlet, welche dann alle der Würm zu geeilet um da eben dieser verlauff des Churfürsten aus indiscretion der Churfürstin vorgebrachta wurde, sahe Sie über das Veldt den Churfürsten und Baron Mayrhofen ihrer einbildung nach wie es auch in der That also ware; von weitem starck Raithen und da Sie den Stallknecht gegen den Parc geschickt und zurueffen lassen, ob es der Churfürst ware und von selben die Antwortt von ja bekommen und dessen Stimm erkant dauerte der Churfürstin schröcken nur einen augenblickh sodann ist alles gefolget, und haben Sr. Durchl. Churfürstin zu Fürstenriedt, da der Churfürst eben Klayder gewechselt ganz gesundt jedoch wohl nass und erfrohren angetroffen und hat Gott Lob dieser casus nit die geringste Folge gehabt, weilen sich Ihro Churfürstl. Durchl. in besten stand befunden und Gott umb dessen erhaltung nit genugsamb danken können.«

Die Parforce-Jagd oder auch die Streifhatz (Aufjagen mit Hunden) waren neben dem Anstand bei der Suhle und der Jagd am Zeug (mit Netzen und Tüchern) die in dieser Epoche üblichen Techniken, um dem Schwarzwild nachzustellen. Die Jagd am Zeug und am Anstand war für die fürstlichen Jäger relativ ungefährlich, denn sie erlegten die Wildschweine wie beim eingestellten Jagen von einem sicheren Jagdschirm aus. Die Jagd mit dem Pferd hingegen erforderte nicht nur Mut und Geschicklichkeit vom Reiter, sondern auch

gute Hunde. Waren die Schweine durch die Spürhunde oder Finder rege gemacht, so pflegte man schwere Hunde anzuhetzen, die sie derartig decken (festhalten) sollten, daß der Jäger dem Schwein den Fang geben konnte. Beliebt waren sogenannte englische Hunde.
Franz von Kobell schreibt, daß diese großen, zum Fangen und Hauptkampf bestimmten Hunde gewöhnlich von »englischer oder irländischer Race, sog. Doggen« waren und auch Leib- und Kammerhunde hießen, da sie als Lieblinge ihrer Herren in deren Schlafkammer ihre Lagerpolster und Bärendecken hatten. Den Hunden hatte man, um sie vor den tödlichen Waffen (Zähne der Wildschweine) der Wildschweine, vor allem der Keiler, zu schützen, Panzer und Stachelhalsbänder angelegt. Die Panzer waren von starken, teilweise mit Pferdehaaren und Wolle dick ausgepolstertem Barchent (grobes Gewebe aus Baumwolle), in das man häufig auch noch Metallscheibchen oder Fischbein zur Stabilisierung und Panzerung eingewebt hatte.
Das Kloster Benediktbeuern war Anfang des 18. Jahrhunderts wegen seiner Hunde berühmt. 1717 ersuchte ein Graf d' Albert den Prälaten um zwei Rüden zur Schweinshatz »so groß als sie immer seyn können, da das kloster genugsam mit solchen versehen sey«. Er erhielt sie auch, und 1737 wünscht sich gar der Kurfürst Karl Albrecht selbst ein paar gute »Faischhundt« (Schweißhund), wie wiederum Franz von Kobell in seinen »Wildanger« berichtet.
Ein Jahr nach dem oben beschriebenen Jagdunfall ereignete sich am 29. Oktober 1735 während einer Parforce-Jagd, die ebenfalls vom Kurfürsten Karl Albrecht abgehalten wurde, erneut ein Unfall. Diesmal war es Graf Max Emanuel von Preysing, der vom Pferd stürzte, mitgeschleift wurde und lange Zeit bewußtlos blieb, daß man ihn anfangs für tot hielt. Aber der Graf erholte sich wieder und ließ zur

Aus I.Täntzer, »Der Dianen Hohe und Niedere Jagt-Geheimnüß«, Kopenhagen 1686

Erinnerung an diesen Unfall einen marmornen Obelisk am Ort des Geschehens errichten. Er ist noch heute im Wald an der Fahrstraße nach Buchendorf, die von der Straße Neuried–Gauting abzweigt, zu finden. Das Denkmal mit dem Preysingschen Wappen trägt auf der Vorderseite ein Bild der Altöttinger Muttergottes mit dem Kind und darunter den Text »Wer da steht in Gottes Hand Mag stehen allzeit grad«. Die Gemahlin Karl Albrechts, die Kurfürstin Amalie, von der die Markgräfin Wilhelmine von Bayreuth in ihren Memorien ein so wenig vorteilhaftes Bild entwirft – sie sei sehr klein und kugelrund gewesen, schreibt sie, dazu schrecklich häßlich, ohne Grazie und dabei noch entsetzlich bigott –, teilte mit ihm die grenzenlose Jagdlust: »Sie schießt sehr gut nach der Scheibe und nach dem Wildpret«, schreibt Keyssler 1729 in seiner Reise durch Deutschland, »und geht öfters bei Jagden bis auf die Knie in Moraste. Auf den Jagden hat man sie allezeit in grüner Mannskleidung mit einer kleinen weißen Perruque gesehen. Einst wurde

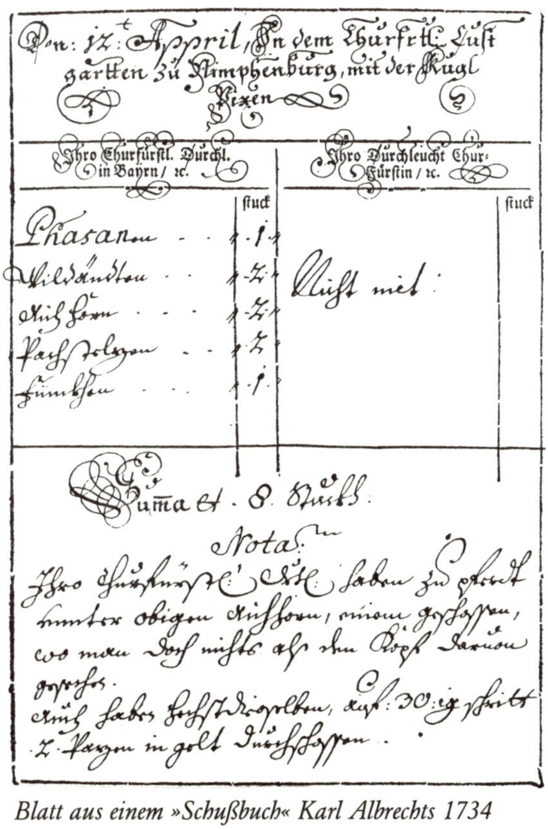
Den: 12.te April, In dem Churfrtl. Lust garten zu Nimphenburg, mit der Kugl Bixen

Ihro Churfürstl. Durchl. in Bayrn / etc.	stuck	Ihro Durchleucht Chur-Fürstin / etc.	stuck
Phasan	1	Nicht mit	
Wildtändtlen	2		
Aichhorn	2		
Rephüener	2		
Küniglen	1		

Summa 8 Stuck

Notae

Blatt aus einem »Schußbuch« Karl Albrechts 1734

sie auf der Parforce-Jagd, da sie gesegneten Leibes war, zweimal umgeworfen. Sie gab aber doch dem Kutscher, als er sie noch von ungefähr zum Tode des Hirsches brachte, den gewöhnlichen Maxdor und verbot auch die Strafe. Die Hunde finden eine große Liebhaberin in ihr, welches man vornehmlich zu Nymphenburg an den übel zugerichteten, rotdamastenen Tapeten und Betten abmerken kann. Die kleinen englischen Windspiele gelten jetzt das Meiste. Bei der Tafel stehen eine Menge derselben um die Kurfürstin und auf jeder Seite sitzt einer, die alles wegnehmen, was sie erwischen können. Nahe an der Kurfürstin Bette zu Schleißheim hat ein Hund ein gelbdamastseidenes kleines Gezelt mit einem Kissen.«

Bei den Jagden mußten die Kurfürstin ihre spanisch gekleideten Hoffräulein begleiten, die freilich dem Herzen des galanten Kurfürsten oft gefährlicher wurden als seinem Wild – und die Folge davon waren oft sehr unfürstliche Szenen, wo es dann nicht selten bis zu Tätlichkeiten kam; so zeigte sie denn auch eines Tages der Gräfin Solms-Rödelsheim ein ganzes Schächtelchen voller Haare, die der Kurfürst ihr einst im Zorn ausgerauft hatte.

Dieser kleinen und streitbaren Amazone aber ist der köstlichste Rokokotempel geweiht, den Europa besitzt; die von Cuvilliés erbaute Amalienburg im Schloßpark zu Nymphenburg. Von ihrem Dach aus hat sich die Kurfürstin oft mit dem Schießen auf Vögel ergötzt, wie man von hier aus auch insbesondere zur Falken- und Fasanenjagd aufzubrechen pflegte.

An dieser Stelle sei erlaubt, auf die Frau als Jägerin einzugehen. Vielfach wird ja behauptet, daß erst die Erfindung des Pulvers es dem schwachen Geschlecht ermöglicht habe zu jagen. Franz von Kobell, der Jagdfreund von König Max II., meint: »Dazu ist übrigens zu bemerken, daß zwar jeder ächte Jäger ein Freund und Verehrer der Damen, daß aber

derjenige, der die Jagd nur liebt, wenn sie Damen im Gefolge hat, kein ächter Jäger ist.«
Besonders bei der Jagd auf einen weißen Hirsch spielte die Gegenwart der Damen eine große Rolle. Nach altem, schon im Mittelalter geübtem Brauch durfte der Jäger, der dem weißen Hirsch den Fang gegeben hatte, diejenige Dame des Hofes küssen, die ihm die schönste schien. Wilde Leidenschaften wurden dadurch ausgelöst, und das Blut der Ritter floß einst für die Damen. Gawan, der Lieblingsheld der französischen und deutschen Artusromane, sagt zum Keltenkönig Artus, der den weißen Hirsch jagen will, daß fünfhundert vornehme Damen am Hofe seien und jede ihren Ritter habe und jeder Ritter für seine Dame das Prädikat der höchsten Schönheit in Anspruch nehme. Man ließ diesen gefährlichen Brauch daher im Laufe der Jahrhunderte einschlafen, nur in Bayern soll im Jahre 1746 noch eine Jagd auf den weißen Hirsch veranstaltet worden sein.
Aus der Zeit Karl Albrechts sind uns auch mehrere große Jagden auf Rot- und Schwarzwild überliefert. So 1729 eine Schweinsjagd im Geisenfelder Forst mit einem Aufgebot von 1270 Mann, ferner 282 Pferden und zwölf Fuhren. Man erlegte 508 Sauen, worunter 105 Hauptschweine waren, von denen die sieben Stärksten 247–300 Pfund wogen.
Nun mögen noch zwei recht merkwürdige Jagden folgen, die besonders charakteristisch für die Zeit sind. Bei der ersten handelt es sich um eine Schweinshatz, die am 10. November 1736 von dem Kurfürsten und seiner Gemahlin in Anwesenheit der Herzoginnen Antonia und Therese abgehalten wurde. Sie fand am Ammersee statt. »Es wurde«, sagt der Bericht, »eine Maschine auf Flößen im Wasser erbaut, gleich einem großen Haus, welches mit grünem Laubwerk auf das prächtigste ausgeziert, aus welchem die durchlauchtigsten Herrschaften mit aller Bequemlichkeit die in das Wasser eingesprengten Schweine zu schießen und theils anschwimmen zu lassen gnädigst beliebten, also zwar, daß deren bis 111 Stück erlegt wurden, worunter sich oben auf einer Gallerie die Trompeten und Pauken beständig hören lassen und eine Tafel von 30 Personen, darunter auch der in Regensburg residierende holländische Gesandte Herr von Gallines mitzuspeisen und diese Wasserjagd zu sehen die höchste Gnade genossen, zum Fruhstuck zugerichtet gestanden.«
Ein Bild aus jener Zeit von dem Maler Biedermann zeigt, daß der Wald, in dem sich die Sauen befanden, mit starken Netzen umstellt war, die nur einen Ausgang gegen den See frei ließen. Das Floß, das das Haus trug, stand innerhalb eines im Wasser angebrachten Einfangs, so daß die eingesprengten Sauen nicht hinausrennen konnten, sondern sich zwischen dem Floß und diesen Barrieren bewegen mußten. Die Kavaliere sieht man mit Saufedern und Hirschfängern diese Sauen abfangen, einige auch mit Büchsen schießen.
Die Jagdkleidung zur Schweinsjagd war damals für gewöhnlich hechtgrau mit Silberschnüren; bei dieser Festjagd sieht man aber die Herren in grünen Röcken mit Gold, kurzen roten Hosen und weißen, über die Knie gezogenen Strümpfen oder Gamaschen, einige auch mit schweren Reitstiefeln. Karl Albrechts Brüder Clemens August und Johann Theodor bekleideten hohe kirchliche Ämter im Reich, kümmerten sich jedoch kaum um ihre geistlichen Aufgaben. Die Jagd war auch ihre Leidenschaft. Besonders Clemens August (1700–1761), der 1726 Kurfürst und Erzbischof von Köln wurde, war ein Anhänger der hohen Schule des Jagens mit Falken. Der Erbauer von Schloß Clemenswerth in Münsterland beherrschte diese Kunst, bei der ein »abgetragener« (abgerichteter) Greifvogel Jagdgehilfe des Menschen wird – wie kein zweiter. Er veranstaltete Reiherbeizen in der

Rheinebene bei Brühl und Bonn, und das Jagdschlößchen Falkenlust bei Brühl gibt mit seinen Darstellungen Zeugnis von dieser Passion des Kirchenfürsten.
Kurfürst Max III. Josef, der die allgemeine Schulpflicht einführte und 1759 die Akademie der Wissenschaften stiftete, schildern die Geschichtsschreiber als einen echten Humanisten. Den Armen öffnet der Wittelsbacher mit dem Beinamen »der Vielgeliebte« die Kornkammern in Notzeiten und verteilt Lebensmittel und Stipendien. Um all das zu ermöglichen, legt er sich und seinem Hof größtmögliche Sparsamkeit auf. Er verzichtete zwar mehr als seine Vorgänger auf die »lermenden Lustbarkeiten«, aber trotzdem fanden gerade unter diesem Kurfürsten eine ganze Reihe von groß ausgerichteten Jagden statt, die uns in allen Einzelheiten überliefert sind. Insbesondere war er der Parforcejagd ergeben. Das Personal derselben bestand um 1770 aus nicht weniger als dreißig Jägern und Knechten mit den dazugehörigen Pferden; zu Neuhausen wurden dafür hundert »Hirschhunde«, vierzig »Wildprethunde« und zwanzig Leithunde gehalten.
Die zum Namenstag des Kurfürsten Max III. Joseph am 12. Oktober 1775 abgehaltene Parforcejagd hängt eng mit der Geschichte des idyllisch gelegenen Wallfahrtsorts Maria Eich im Würmtal zusammen. Über die Entstehung erzählt man sich folgende Sage:
Der Kurfürst veranstaltete eine Jagd im Kreuzlinger Forst, und der von Hunden und Jägern verfolgte Hirsch flüchtete unter eine mächtige Eiche und erwartete mit majestätischer Ruhe die anstürmenden Jäger. Als der hohe Jagdherr und seine Begleiter herangekommen waren, drückte sich der Hirsch an den Stamm und blickte die Äste empor. Erstaunt folgten ihm die Augen seiner Verfolger und entdeckten in der Krone des Baumes eine kleine Statue der Jungfrau Maria. Der Kurfürst, ein Verehrer der Gottesmutter, schenkte dem Hirsch das Leben und ließ um die Eiche eine kleine Kirche bauen.
So berichtet der Volksmund. In Wirklichkeit aber bestand Maria Eich schon früher. Bei der weithin bekannten Jagd des Kurfürsten Max III. flüchtete sich der parforce-gejagte Hirsch zu dem Wallfahrtsort und wurde von den Jägern aus Ehrfurcht vor dem Gotteshaus verschont.
Eine Jägergruppe unter den Krippenfiguren der Kapelle und eine Gedenktafel an der Außenwand des Wallfahrtsortes erinnern noch heute an diese kurfürstliche Parforcejagd:
»Ein abgejagter Hirsch in seiner vollen Flucht hat Schutz und Sicherheit an diesem Ort gesucht.
Und was er hat gesucht, das hat er auch gefunden,
die Jäger haben sich zu seinem Tod verbunden,
der Churfürst selber kommt und sieht das Schauspiel an,
er gibt dem Tiere Schutz und wandte seine Bahn.
O Vater, welcher Preis muß deinen Namen zieren.
der beßte kommt zu dir, bei Menschen und bei Tieren.
Geschehen den 12. Oktober 1775.«

Unter Max III. Joseph gelang es zum ersten Mal, in Bayern das Geheimnis der Porzellanherstellung zu ergründen. Zwar hatte man unter Kurfürst Karl Albrecht versucht, das »weiße Gold« mit Hilfe eines Dresdner Glas- und Spiegelmachers 1729 herzustellen. Da sich aber die verlangten Proben als untauglich erwiesen hatten, war der Kurfürst weiter auf teueres Meißener Porzellan angewiesen.

Nach jahrelangen Versuchen in einer von Kurfürst Max III. Joseph in seinem Neudecker »Grünen Schlössl« eingerichteten Werkstatt konnte endlich im Jahre 1754 das erste Münchner Porzellan hergestellt werden. Untrennbar ist der Rokokokünstler Franz Anton Bustelli mit der 1747 gegründeten und später zu Weltruhm gelangten Nymphenburger Porzellanmanufaktur verbunden. 1754 bis zur Verlegung der Manufaktur von Neudeck nach Nymphenburg im Jahre 1758 war der Künstler noch in der Au tätig.

1799 wurde dann durch Erlaß des Kurfürsten Karl Theodor von Pfalzbayern die Frankenthaler Manufaktur – durch sie sind besonders viele jagdliche Motive auf uns gekommen – mit ihrer älteren Schwester-Manufaktur, der Nymphenburger, vereinigt. Gelb und Schwarz, das waren die Farben, in denen Hofgesellschaft und Jagdgäste in der Pfalz zur Parforce-Jagd ritten. Dementsprechend hat Karl Gottlieb Lück, der bekannte Bildhauer, im Jahre 1765 für die Frankenthaler Manufaktur die Tafel-Dekoration »Die gelbe Jagd« modelliert. Grazil und farbenfroh besteht sie aus einer Mittelgruppe »La Curée«, vier Jägern zu Pferd, teils mit Jagdhörnern, teils mit Jagdhunden sowie einzelnen Hunden.

»Curée« bedeutet das Ende der Parforcejagd und das »lever le pied«, einen Brauch nach französischer Sitte, der auch in Bayern ausgeübt wurde. Dieses »lever le pied« ist ein weidmännischer Ausdruck, der in wörtlicher Übersetzung »Wegnehmen des Fußes« bedeutet – eine Zeremonie, bei der der untere Teil des Laufes über den Afterklauen im Gelenk ausgelöst wurde, um ihn am darangelassenen Streifen der Decke (Haut) am Hirschfänger zu tragen. In der Regel stand diese Trophäe dem höchsten anwesenden Jäger oder einer anderen von ihm bezeichneten Person zu.

In die Regierungszeit des feinsinnigen und hochbegabten Regenten Max III. Joseph, der Bayern neue Straf- und Zivilgesetze gegeben hat, fallen auch die Wildereien und Schandtaten des Mathias Klostermaier.

Der berühmteste Wildschütz und Räuberhauptmann – genannt der »Bayerische Hiesl« – war ein früherer Jagdgehilfe, der um 1768 weite Teile Altbayerns und Bayerisch-Schwabens unsicher machte. Als Herr über zwei Dutzend vagabundierende Wildschützen und Deserteure zog er am hellichten Tage durch Dörfer, stürmte Forsthäuser und Amtsgebäude. Der als

Maria Amalia im Jagdkostüm. Ölgemälde von Franziskus Winter. Bayerische Staatsgemäldesammlungen.

Lehrbrief, ausgestellt auf den Jungjäger Joseph Löw am 13. Juli 1792 von Joseph Reichsgraf von und zu Arco. Deutsches Jagd- und Fischereimuseum.

Eingestellte Hirschjagd im Neckartal am Dilsberg bei Neckargemünd. Ölgemälde eines unbekannten Meisters 1753, Öl auf Leinwand. Kurpfälzisches Museum Heidelberg.

Kurfürst Karl Albrecht mit seinem Hofstaat nach seinem Jagdunfall am 26. November 1734 am »Blauen Haus«. Ölgemälde von Pieter Jacob Horemans. Bayerische Verwaltung der staatlichen Schlösser, Gärten und Seen.

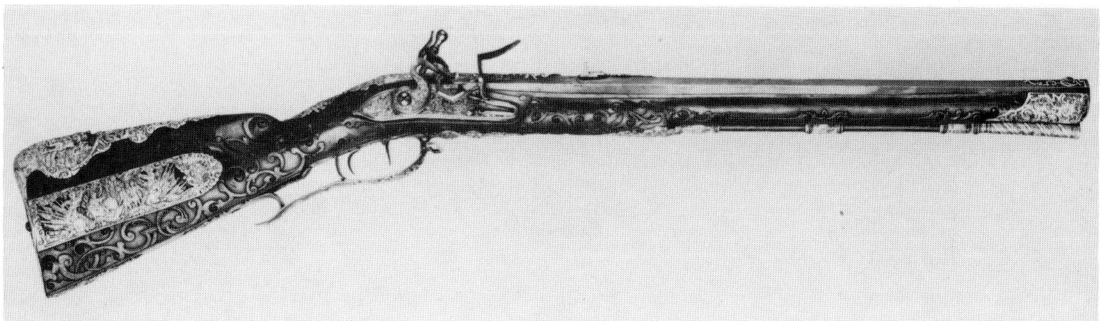

Steinschloßbüchse des Kurfürsten Karl Albrecht. Bayerisches Nationalmuseum.

unverwundbar geltende Freischütz wurde schließlich von dreihundert Soldaten des Schwäbischen Kreises gestellt und ausgeräuchert – er hatte es vorgezogen, aus dem mächtigen Bayern in die kleinen Grafschaften und Fürstentümer Schwabens auszuweichen. Am 6. September 1771 wurde er in Dillingen hingerichtet.

Ausklang des höfischen Jagens und Verbürgerlichung der Jagd im 19. Jahrhundert

Als Bayerns Kurfürst Max III. Joseph 1777 ohne Erben starb, traten die Wittelsbacher Hausverträge in Kraft. Erbe war die Pfälzer Linie, rechts- und linksrheinische Herrschaftsgebiete waren unter Kurfürst Karl Theodor vereinigt.

Über die Jagden dieses bayerischen Kurfürsten (* 1724, † 1799) läßt sich nichts Besonderes berichten. Die Parforce-Jagd ist unter ihm 1778 aufgelöst worden, und das fürstliche Jagdwild kam wie im Hirschgarten südlich des Nymphenburger Parks hinter einen Bretterzaun. Dieser Hirschgarten bei Nymphenburg wurde »in dem sogenannten Hasengartten« angelegt, also in einem Gebiet, das der Hofjagd nicht fremd war. Man hat 1781 den Tiergarten »angefangen einzumachen«. Die archivierten Rechnungen des Obristjägermeisteramtes geben Aufschluß darüber, daß ein sechs Klafter tiefer »Gumpbrunnen« gegraben und eine »Sulz- und Sollacke« angelegt wurde (mit Lehm vermischte Salzlecke und Suhle). Außerdem bekam der bürgerliche Bildhauer Joh. Pfötzner den Auftrag, eine sechseinhalb Schuh hohe Diana mit Hirsch zu schnitzen, die wohl auf eine Eichenholz- oder Steinsäule zu stehen kam.

1790 ließ Karl Theodor im Hirschgarten ein Jagdschlößchen als fürstliche Wohnung und Sitz des Oberjägers errichten. Ein Silberarbeiter mußte diesem sieben silberne Löffel liefern, »damit die Herrschaften bedient werden können«. Aus dem kurfürstlichen »Porcellaine-Comtoir« wurden acht Salatieren, vier Salzfäßl, französische Schalen mit Deckel und allerlei anderes Geschirr geliefert, von einem Zinngießer »vier fasonierte Leichter« mit Zieraten. In den Rechnungen des Obristjägermeisteramtes werden neben Teppichen und Tapeziererarbeiten auch noch etliche Werke über Forst- und Jagdwesen sowie Kupferstiche angeführt.

Mit kurfürstlicher Erlaubnis begannen der Oberjäger und der Gärtner Kolb einen Wirtschaftsbetrieb einzurichten, der rasch zu einer Attraktion für die Münchner wurde. Nützlichkeitsdenken des Hofes und Vergnügen für den Bürger, eine idealere Verbindung war nicht denkbar. Aber bald schon klagten die Wirte von Nymphenburg, daß im Tiergarten Wein, Bier, Kaffee und Schokolade ausgeschenkt würden.

Das Obristjägermeisteramt gab aber nur zu, daß an die dort beschäftigten Handwerker vom Haustrunk abgegeben und den Adeligen im Hofdienst Kaffee oder Schokolade gegen Bezahlung zubereitet werde. Doch zwei Jahre später wurde »wider das von Tag zu Tag ansehnlicher werdende Gewerbe des Jägers in dem dortigen Hirschgarten« Klage geführt, weil keine Konzession bestehe und die vier Nymphenburger Tafernwirte dadurch geschädigt würden.

Der Kurfürst als Herr der ganzen Anlage faßte nunmehr auch den Plan, den Hirschgarten vom Jägerhaus weg mit dem nächstgelegenen Flügel des Schlosses Nymphenburg durch eine 34 Schuh breite und 2200 Schuh lange schnurgerade Allee zu verbinden. Weil im Frühjahr 1792 schnell gehandelt werden sollte, mußte, da so viele Tagwerker in der Eile nicht aufzutreiben waren, ein Kommando von hundert Soldaten diese Arbeit von Ende April an in einem Monat vollbringen. Jeder Mann erhielt achtzehn Kreuzer am Tag. In der Schloßkaserne wurden sie untergebracht.

Wie war nun dieser Tiergarten bevölkert und wie wurde daraus schließlich ein Hirschgarten? Hasengarten ist er nebenbei noch eine Zeitlang geblieben; denn 1784 wird noch »zum Hasenschießen ein Schußhaus« errichtet, und zwei Jahre später werden noch 24 Paar Hasen eingesetzt. Zwei vorhandene »Gämbs« erhielten damals einen neuen Einfang, wohl weil sie sich mit den Hirschen nicht immer vertrugen. Für sie wurde 1791 »das Thill« höher gemacht und zwei heimische Geißen zu ihnen gestellt. Im Jahre 1784 wird auch ein gefangenes weißes Rehkitz erwähnt.

Zur Blutauffrischung wurden immer wieder in freier Wildbahn gefangene Hirsche in großen Transportkisten auf Zeugwagen in den Hirschgarten gebracht und ausgesetzt. Es scheint aber, daß man auch mit natürlicher Zuwanderung

Radierung aus »Fürsten-Lust oder der Edlen Jagdbarkeit« von Johann Elias Ridinger, 1729

von außen in den Park rechnete, denn im Plan des Tiergartens von 1793 ist auf der langen Südseite in der Mitte ein »Einsprung« angegeben. Vermutlich konnte über offene Stellen im Zaun Wild – vor allem während der Brunft – in den Garten einspringen, diesen aber nicht mehr verlassen.

Der Hirschgarten war noch nicht vollständig fertig, als auf der anderen Seite der Residenzstadt schon mit der Anlage des Englischen Gartens begonnen wurde. 1785 erfolgte die Freigabe des im 14. Jahrhunderts erstmals erwähnten Hirschgeheges. Namen wie Hirschanger, Hirschau, Garching und Isareck erscheinen in den Jagdregistern von Herzog Wilhelm IV. (1545) bis Kurfürst Max III. Josef (um 1758) immer wieder als gute Hirschreviere.

Nur wenige Münchner Naturfreunde, die heute zu Fuß oder mit dem Rad durch den Auwald zwischen Garching und Moosburg wandern, wissen, daß es dort immer noch Rotwild gibt. Dieses kleine inselartige autochthone Vorkommen von Rothirschen in Bayern sollte in den siebziger Jahren dieses Jahrhunderts durch Totalabschuß eliminiert werden. Der Einspruch der Bauern, die anführten, daß durch die Hirsche kein Schaden in den Fluren entstehe, und natürlich auch der Jäger hatte Erfolg. So kann der Spaziergänger mit etwas Glück wenige Kilometer vor der Stadtgrenze von München noch unvermutet auf Rotwild in freier Wildbahn stoßen.

Im Greisenalter heiratete Karl Theodor nach dem Tod seiner Gattin Elisabeth Maria von Sulzbach am 15. Februar 1795 die erst siebzehnjährige Marie Leopoldine von Österreich-Este. Diese war eine lebenslustige Frau, die sich gerne in Gesellschaft des jungen bayerischen Adels aufhielt. Nach dem Tode des Kurfürsten heiratet sie 1804 Ludwig Joseph Graf Arco. Zwei Söhne gingen aus dieser Ehe hervor, Alois Arco – er nennt sich später Arco Steppberg – und Maximilian Bernhard Arco Zinneberg (1811–1885), der berühmteste Jäger seiner Zeit.

Der Adler-Graf, wie er wegen seiner wagemutigen Leidenschaft zum Aushorsten und Bejagen des damals noch häufigen Wappenvogels genannt wurde, besaß eine der größten Trophäensammlungen seiner Zeit. Diese Sammlung – sie war im ehemaligen Stadtpalais des Grafen am Wittelsbacherplatz untergebracht – ist das Kernstück des Deutschen Jagd- und Fischereimuseums. Mit wahrem Bienenfleiß fing Arco bereits im Alter von 23 Jahren an, interessante Geweihe aus aller Herren Länder zusammenzutragen.

Neben einer großen Zahl kapitaler Gehörne der heimischen Hirsche befinden sich in der Sammlung Trophäen von Riesenrehen des Kaukasus und des Tiënschan, sowie von den transkaukasischen Edelhirschen, den nächsten Verwandten unseres Rotwildes. Ein Teil der prächtigen Geweihe des nordamerikanischen Wapiti stammen aus den eigenen Revieren Graf Arcos. Franz von Kobell bestätigt dies in seinem Wildanger: »Der Graf Arco Zinneberg macht den Versuch, dergleichen (gemeint ist der Wapiti) bei uns anzusiedeln. Von drei Hirschen und zwei Stück Wild in seinem Besitz sind bereits Kälber vorhanden und soll im Gebirge eine geeignete Thalschlucht die stolzen Tiere aufnehmen und ihre Nachkommen verbreiten.«

Dies macht verständlich, daß sich in der Arcoschen Sammlung einige Geweihe befinden, die sich ganz deutlich als Kreuzung von Wapiti und Rothirsch ausweisen – eine »Blutauffrischung« übrigens, die sich sehr nachteilig auf die Kronenbildung des Edelhirschgeweihes auswirkte. Das war auch der Grund dafür, daß man nach einigen fehlgeschlagenen Experimenten von der Fortsetzung dieser Versuche Abstand genommen hat.

Sieht man sich ein Bild des Grafen Arco an, so

blickt man auf einen gutaussehenden, klar und selbstbewußt blickenden Mann mit einem allerdings geradezu martialischen Schnurrbart. So sieht gewiß kein Mann aus, der – wie Ganghofer ihn in seinem Roman »Schloß Hubertus« als Graf Egge zeichnet – als erblindeter Greis die von ihm einst ausgenommenen und dann im Käfig großgezogenen Adler mit Schrotschüssen totschießen läßt. Tatsächlich haben diese Adler den Grafen noch lange überlebt, bis sie schließlich an Altersschwäche verendeten.

Die von Ganghofer geschilderte Erblindung des Grafen von und zu Arco-Zinneberg entspricht aber den Tatsachen. Dieses Unglück traf ihn einige Jahre vor seinem Tod, als er gerade auf der Regenalpe zur Hirschbrunft weilte. Dort verlor er von einem Tag auf den anderen das Augenlicht. Von seinem ungeheueren Jagdeifer zeugt es, daß er sich dennoch die Geweihabwürfe vorlegen ließ und sie mit den Händen abtastete, um zu erkennen, ob deren Träger in der Geweihbildung Fortschritte gemacht hatten. Während der Hirschbrunft ließ er sich nochmals ins Revier führen und beauftragte seine Begleiter, sich an bestimmten Plätzen oder Wildwechseln anzusetzen und zu beobachten, ob Hirsche schußmäßig gekommen wären. Er mag vielleicht zu seinem Trost manche Falschmeldung erfahren haben. Sein oft erprobter Stand für den Halsgrübenbogen lag direkt über der Sagereckerwand. Man konnte jeden Schuß, der dort fiel, in Bartholomä hören. Nach seiner Erblindung ließ Graf Arco diesen Gamsbogen seinem Sohne zuriegeln. Er selbst ließ sich auf die Bartholomä-Au einen Stuhl bringen und lauschte, wieviele Schüsse fielen. Auf diese Weise erlebte er die Jagd wenigstens in seiner Vorstellung mit.

Der Adler-Graf erlebte noch die Zeit der riesigen Treibjagden, bei denen mit großem Aufwand dem Wild nachgestellt wurde. Er hielt freilich nicht viel von diesen Massenschlächtereien und suchte seine Freude mehr auf der stillen Pirsch, dem Anstand und beim geräuschlosen Lancieren und Zuriegeln des Wildes. Diese Einstellung zur Jagd und zum Wild kommt auch immer wieder in den Briefen an seinen Sohn Ludwig zum Ausdruck, in denen die Jagd ein Hauptthema ist. So berichtet er von einem Jagdaufenthalt im Jahre 1866 auf Schloß Schmida (Niederösterreich), wo er selbst nicht nur Hirsche erlegte, » . . . sondern auch täglich den ganzen Tag auf die gefehlten und angeschossenen der übrigen Herren, die sehr wenig trafen, nachsuchen mußte, da sie es nicht recht verstehen.«

Aus den Briefen Arcos, die vor über 100 Jahren geschrieben wurden, läßt sich schon sehr deutlich die weidgerechte Einstellung zur Jagd erkennen, die für die nachfolgenden Generationen richtungsweisend war. Auf der anderen Seite wird der Jäger und Naturfreund des Atomzeitalters wenig Verständnis für die Adlerjagden des Maximilian Graf von Arco-Zinneberg aufbringen können. Diese Jagden muß man aber unter dem anthropozentrischen Nützlichkeitsdenken der damaligen Zeit sehen: Raubwild war Nahrungskonkurrent des Menschen und mußte verfolgt werden. Daher ist es auch verständlich, daß das häufige Vorkommen des Steinadlers in den Alpen zu einer Zeit, wo Umwelt- und Naturschutz überflüssige Worte waren, auch bei Arco den Wunsch reifen ließ, dem König der Lüfte nachzustellen. Es war die Leidenschaft, diesen stolzen Vogel zu überlisten und mit den einfachen, nicht sehr weitreichenden Waffen seiner Zeit zur Strecke zu bringen. Vier große Ölgemälde im Deutschen Jagd- und Fischereimuseum verdeutlichen die waghalsige Jagd auf den Wappenvogel. Graf Arco erlegte in seinem Leben zehn Adler, teils am Horst und teils am Luder (ausgelegter Köder).

Im Jahre 1858 schoß der Graf an der Gurrer-

Vorzeichnung für das Ölgemälde und die Lithographie »Adlerfang in Rohrmoos«

wand bei Hallturm ein Adlerpaar und entschloß sich, die zwei Jungadler auszunehmen. Er ließ sich hierzu zum Horst abseilen, der sich in einer mehrere hundert Meter hohen Wand befand. Im Jahre 1860 paßte dann der Graf acht Tage an einem Horst in der Nähe von Rohrmoos im Allgäu, bis es ihm gelang, die beiden Altadler zu schießen. Um jedoch wieder an die Jungen zu gelangen, die sich in einem Horst unter einer acht Meter weit überhängenden Wand befanden, ließ der Graf drei Leitern von zehn Meter Länge zusammenbinden und in die Höhe ziehen. Keiner der sechs Helfer hatte den Mut, hinaufzusteigen, und ohne zu zögern, entschloß sich Arco selbst, da er – wie er später erzählte – das Junge nicht verhungern lassen wollte, dem er die Eltern weggeschossen hatte. Schließlich gelang es dann dem beherzten Weidmann nach langer Mühe und einiger Anstrengung, den gefesselten Jungadler an den Fuß der Wand zu bringen. Die vier Ölgemälde, die über diese Adlerfänge berichten, wurden mit reichlich poetischen Ergüssen und Zeichnungen aus des Grafen eigener Feder versehen und Anno Domini 1865 in der kgl. Hofbuchdruckerei von Dr. C. Wolf & Sohn gedruckt.

Der bekannte Oberforstmeister Georg Hauber, der zwei Jahre nach Arcos Tod im Jahre 1887 im Forstdienst in Berchtesgaden eingesetzt wurde, lernte dort noch einige der Treiber und Helfer des Adlergrafen persönlich kennen und berichtet: »Der eifrige Nimrod jagte im In- und Ausland auf alles mögliche jagdbare Wild, ohne sich aber ein eigenes größeres Jagdgebiet zu erwerben. Schließlich gelang es dem Grafen, daß ihm von S. M. dem König Ludwig II. von Bayern die vier Oberförstereien Königsee, Ramsau, Bischofswiesen und Schellenberg, in denen die Jagd königliches Regal und Leibgehege war, zur alleinigen Jagdausübung überlassen wurden. Mitten in diesem Berchtesgadener Jagdgebiet erwarb er dann das Gut Schorn in Unterstein, in welchem er zur Jagdzeit Wohnung zu nehmen pflegte.

Seine Jagdhelfer waren rüstige, berggewandte, ortskundige Holzknechte und Bauern, welche er sich für seine originellen Gams- und Hirschriegeljagden eingelernt hatte und mit denen er eine förmliche Jagdfamilie bildete. Mit Stolz hießen sich diese Bevorzugten, obwohl sie nicht in festem Jagddienstverhältnis standen, »die Arcojager«. Arco verschmähte es, sich eigene wohnliche Jagdhütten in diesen Revieren zu erbauen oder sich bequeme Jagdsteige anlegen zu lassen. Er verblieb in Holzerhütten und Almkasern, wo er mit seinen Männern Heulager und auf offenem Feuer gekochte Kost teilte. Trat während eines solchen Bergaufenthalts Nebel oder schlechtes Wetter ein, dann verblieb der einfache Jagdherr tagelang, ohne zu jagen, in dieser primitiven Unterkunft und unterhielt sich mit Lektüre oder Zitherspiel und beschäftigte sich mit seiner Sammlung von Edelsteinen, welche er ständig in einem Kästchen auf seinen Jagdfahrten mit sich führte. Gerade dieses zähe Abwarten günstigen Jagdwetters hat dem erfahrenen Weidmann seine großen Erfolge gebracht. Er vermied damit das zwecklose Beunruhigen des Wildes und die bei schlechtem und unsicherem Wind unausbleiblichen Fehljagden und konnte mit vieler Hoffnung auf Erfolg sein kompliziertes Jagdverfahren anwenden. So ist als Beispiel seiner Geduld und Ausdauer häufig folgendes erzählt worden:

Fünf Tage hatte Graf Arco mit seiner Mannschaft während eines Regen- und Schneewetters in der Holzerstube in der Röth zugewartet, ohne irgend etwas zu unternehmen. Wiederholt überkam seine Leute die Langeweile, und wenn sich vorübergehend das Wetter aufhellte, suchten sie zum Jagen zuzureden. Arco ließ sich aber nicht irremachen. Erst am sechsten Tag hellte sich der Himmel auf, und es traf heiteres Wetter mit vorzüglichem ständigem Wind ein. Da beschloß der erfahrene Weidmann, sich den Lähling zuriegeln zu lassen. Der Lähling ist ein nicht sehr großer und nicht hoch gelegener, teil mit Latschen bewaldeter Felskomplex. Es war zu vermuten, daß die Gams dahin aus den Hochlagen der Teufelshörner, des Neuhütters und der Eisgräben infolge des Unwetters herabgestanden waren. Diese Vermutung traf zu. Die Geduld Arcos wurde glänzend belohnt. Er konnte sechs gute Gamsböcke auf die Decke legen. In der frohen Stimmung über diesen Erfolg schnitt Arco diese Jagdbegebenheit und den guten Anlauf der Gams in die Platte des hölzernen Tisches in der Holzerstube ein.

Es fanden sich noch eigenhändig von Arco in sehr primitiver Weise gefertigte Pläne, auf denen die Aufstellung und Verwendung seiner Helfer in den verschiedenen Jagdbögen eingezeichnet ist. Es ist daraus zu ersehen, wo ein Teil der Männer das Regemachen der Gams beginnen sollte, wo der andere Teil die Gams zu verwehren hatte, wo die überholten Verwehrer sich wieder einzuteilen hatten und wo der Stand für den Schützen gedacht war. Es war ein von Arco ersonnenes Verfahren, mit wenigen Helfern die Gams auf weite Gebiete zu umfassen und durch rechtzeitiges Abwehren den Schützen zu Schuß zu bringen. Stundenlang hat Graf Arco seine Garde instruiert, belehrt und ausgefragt, um welche Zeit und wo sich der einzelne zu zeigen habe, wann ein zweiter das Riegeln beginnen oder auf eine andere Stelle vorrücken müsse, je nachdem die flüchtigen Gams vorwärts gelangt wären. Jeder hatte seine besondere Aufgabe mit mehr oder weniger Verantwortung.«

Als Oberforstmeister Georg Hauber im Jahre 1934 den obigen Aufsatz in der in München erschienenen Jagdzeitung »Deutscher Jäger«

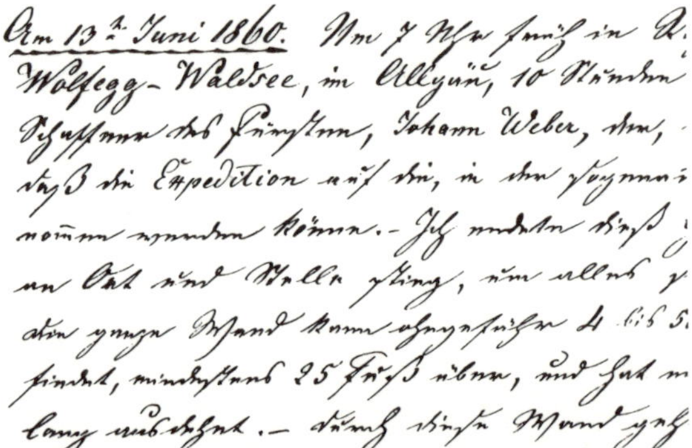

Tagebuchaufzeichnung von Maximilian Graf von Arco Zinneberg

veröffentlichte, stand schon fest, daß die Geweihsammlung des Grafen einen würdigen Platz im künftigen Deutschen Jagdmuseum in München finden würde. 1933 wurde die Sammlung zum Verkauf angeboten, und es ist nicht erstaunlich, daß sich dafür rasch ein Käufer fand. Interessierten Kreisen sowie dem verständnisvollen Verhalten des damaligen Chefs des Hauses Arco-Zinneberg ist es zu verdanken, daß sie nicht nach Holland abwanderte, sondern zu recht günstigen Bedingungen angekauft werden konnte.

»Weil d' nur grad da bist, Maxl«, soll der Kalteneggerbräu zu München gesagt haben, als Herzog Maximilian Joseph von Zweibrücken-Birkenfeld nach dem Tod des unbeliebten pfalzbayerischen Kurfürsten Karl Theodor als dessen Nachfolger in die Residenzstadt München einzog. Kurfürst Max IV. Joseph, der 1806 im Zuge der Neuordnung Europas durch Napoleon die Königswürde erhielt und sich von nun an Max I. Joseph nennen durfte, war auch ein großer Gönner und Freund des Weidwerks. Unter seiner Regierung spielten in der Umgebung Münchens eigentlich nur mehr die Hofjagden im Forstenrieder Park eine gewisse Rolle. Es dürfte schwerfallen, in Bayern einen zweiten ausgedehnten Waldkomplex zu finden, welcher eine derart fesselnde und traditionsreiche Vergangenheit aufweisen kann. Seit dem Jahre 1599 befand sich der »Paybrunner Vorst« im Privatbesitz der bayerischen Herzöge, und bis 1918 hatten die Wittelsbacher das alleinige uneingeschränkte Jagdrecht in diesem Wildpark, der sich einstmals von Starnberg bis nahe Dachau erstreckte. Die Einhegung dieses großen Jagdgebietes wurde im Jahre 1715 durch Max Emanuel unter Mitwirkung von zweihundert kriegsgefangenen Türken vollendet.
Für die Parforce-Jagden hatte man durch den ganzen Forst vielfach verzweigte Durchhaue angelegt, die sich an den sogenannten »Sternen" kreuzten. In manchen Sternen trafen so oft sechs bis acht »Geräumde« zusammen. So gab es etwa einen »Churfürsten-Stern«, »Frauenzimmer-Stern«, »Herren-Stern«, »Max-Joseph-Stern«, »Churfürst von Cölln-Stern«, »Churfürst von Sachsen-Stern«, »Huberti-Stern«, »Herzog-Ferdinand-Stern«, »Jäger-Stern«. Einige dieser Sterne wie zum Beispiel der »Frauenzimmer-Stern« sind auch heute noch ganz gut zu erkennen, und auch der »Marien-Stern« in Solln an der Aidenbachstraße erinnert an die großen bayerischen Hetzjagden des Barock und Rokoko (vgl. hierzu Heuberger, »Die Diensthütte im Forstenrieder Park«).
Die denkwürdigste unter den von Max I. Joseph abgehaltenen Jagden war wohl jene vom 6. Januar 1806. An dieser Jagd nahm nämlich Kaiser Napoleon I. teil, der vom 1. bis 17. Januar in München weilte. Neben König Max I. waren auch Kronprinz Ludwig und Napoleons Stiefsohn Eugen Beauharnais anwesend.
Die besondere Liebe des ersten bayerischen Königs galt den Bergen, die vor noch nicht allzu langer Zeit als menschenfeindlich und abweisend empfunden waren. Das Gebirge hatte seine Schrecken verloren, der Sinn für die Schönheit der Berge und die Natur ganz allgemein war erwacht. Noch werden große eingestellte Hirschjagden am Tegernsee und in Berchtesgaden veranstaltet, denn der durch Hegemaßnahmen und verstärkten Jagdschutz angestiegene Schalenwildstand und die erst beginnende »moderne Waffentechnik« rechtfertigten diesen Massenabschuß.
Mit derselben Unvoreingenommenheit und Tatkraft, mit der Max I. Joseph aus Bayern einen modernen Staat zu formen begann, widmete er sich der Neuorganisation des Theaterwesens. Am fünfzehnten April 1822 war an allen Straßenecken Münchens zu lesen, daß am

Abend »Der Freyschütze« zur Aufführung kommen werde, eine große »romantische Oper« in drei Aufzügen, mit Musik von Carl Maria von Weber. Nachdem das Werk bereits seinen Siegeszug auf den deutschen Bühnen angetreten hatte, wurde es von den sonst so ruhigen und behäbigen Münchnern mit Ungeduld erwartet. In Anwesenheit des Königs und des gesamten Hofes wurde die ausverkaufte Vorstellung ein voller Erfolg für das »Neue Königliche Hof- und National-Theater«. Die Tagesblätter waren voll mit Lobeshymnen auf das »geniale Tongemälde, das Herr von Weber aufgestellt«. Webers Freischütz hatte mit seiner jagdbezogenen Handlung voll Waldesrauschen, Jägerleben und Geisterspuk im Fluge die Herzen der Münchner gewonnen, die ihm treu geblieben sind bis heute.

König Ludwig I. (* 1786, † 1868), der Freund der Hellenen, scheint für die Jagd nicht die Passion aufgebracht zu haben wie seine Vorgänger. Leopold von Bayern schreibt in seinem Buch »Aus dem Leben zweier Herrenjäger« noch direkter: »König Ludwig I. war kein Jäger und hatte kein Interesse an der Jagd. Er übertrug in einem großen Teil des oberbayerischen Gebirges die Ausübung der Jagd dem Fürsten von Leiningen, einem großen Waidmann vor dem Herrn. Der Fürst baute sich eine Anzahl von Jagdhäusern, wie das in Vorderriß, das auf dem Schachen, das bei Linderhof und andere, legte viele Jagdstege an und betrieb die Jagd sehr pfleglich.«
War König Ludwig der Umgang mit der Kunst und den Künstlern auch wichtiger als die Jagd, so ist uns aus seiner Regierungszeit doch eine Begebenheit überliefert, die zumindest einen Künstler betrifft, der eng mit den Jagdrevieren dieses Königs verbunden war. Gemeint ist Max Haider, der zahlreiche Jagdbücher mit den verschiedensten Zeichnungen und Jagderlebnissen illustriert hat. Er war der Sohn des Landschaftsmalers Karl Haider, und seine Motive kannte er aus eigener Erfahrung, denn bevor er 1848 königlicher Hofjäger und Schloßverwalter auf dem Jagdschlößchen Neuhausen (es stand am heutigen Rotkreuzplatz) bei München wurde, war er Jagdgehilfe im Forstenrieder Park. Aus dieser Zeit berichtete der alte Forstmeister Hauber folgendes Erlebnis, das uns durch den Chronisten des Parkes, Franz Xaver Kriegelsteiner, überliefert wurde:

»In einer einst in der Nähe von Oberdill gestandenen, nun längst abgebrochenen hölzernen Jagdhütte hatte man eben die »Frühstücksstube« frisch geweißelt, da Hofjagd angesagt wurde. Man schrieb das Jahr 1847. Damals war der später als Jagdzeichner so bekannt gewordene Max Haider eben als Hofjagdgehilfe angestellt. Als dieser am frühen Morgen des zur Hofjagd bestimmten Tages die kahlen weißen Wände der Stube erblickte, packte ihn der Übermut und als flotter Zeichner entwarf er in raschen Strichen an der einen großen Wand eine lustige Kohlezeichnung. Am Tische sitzen einige Jägerburschen und machen bescheiden

Brotzeit. Darunter standen mit Bezug auf die armselige Besoldung des niederen Hofjagdpersonals die Verse:
Beim Franz und Michel Bauer – hat das Geld nur wenig Dauer. Beim Helbing und beim Thama – tut das Geld hat auch nie glanga. Sechs Gehilfen san ma im Park – und koana is an Gulden stark.
Der Parkmeister Helbing, der auch an dieser Hofjagd teilnahm und dessen Sohn der oben erwähnte Helbing war, meldete es dem Hofjagdinspektor. Dieser erschrak über die Zeichnung, aber es blieb keine Zeit mehr, sie zu entfernen, und er entschuldigte sich beim König Ludwig I., der bald darauf in der Hütte eintraf. Der König fand aber die Zeichnung vorzüglich. Auf seinen Befehl wurde Haider

sofort herbeigerufen; zitternd vor Angst erschien er vor dem König. Der aber fragte ihn gütig, ob er das gezeichnet habe, und als er die Frage bejahte, belobte er ihn für die gelungene Zeichnung und versprach, ihn weiter ausbilden zu lassen. Er ernannte ihn zu seinem Leibjäger und Haider durfte sich mit Erlaubnis des Königs auf dessen Kosten an der Akademie weiter ausbilden lassen.«
Max Haider empfand sich nie als Künstler. Die Motive nahm er ausschließlich aus seinem Berufsleben. Wild, Jäger, Wald waren seine Themen. Die Darstellung war fast immer anekdotisch-humoristisch. Er war einer der liebenswürdigsten und fruchtbarsten Zeichner der »Fliegenden Blätter« und der »Münchner Bilderbogen« des Verlages Braun und Schneider in München, dem so viele bedeutende Zeichner des vorigen Jahrhunderts ihren Ruhm verdanken – Adolf Oberländer und Wilhelm Busch seien als Beispiel genannt.

Kutschmann beschreibt ihn in seiner »Geschichte der Deutschen Illustration« sehr treffend: »Einzig in ihrer Art sind die Jagdzeichnungen von Max Haider, dessen Thätigkeit mit dem fünften Jahrgang (der Fliegenden Blätter) beginnt. Von Beruf Forstmann, als Künstler Autodidakt, aber begabt und talentvoll hat er Wild und Wald gekannt und erfaßt wie wohl kein zweiter. Überall fand er Darstellenswertes, im Großen wie im Kleinen, und was er gab, war immer lustig und interessant. Er war ein feiner Beobachter, der sowohl die Gewohnheiten der Jäger wie des Wildes aus dem Grunde kannte.
Aus jedem Blatt weht kräftiger Waldesduft. Allerlei Unheil passiert, und den Sonntagsjägern geht es besonders schlecht, von deren Fahrten der Künstler die ergötzlichsten Historien zu erzählen weiß. Voller Grimm richtet er sich aber gegen die Aasjägerei von 1848, gegen das Gesindel, das damals Wildstand in Deutschland verwüstete. In seiner »Bauern-

jagd« macht sich das empörte Herz des Waidmannes Luft gegenüber diesen jammervollen Zuständen. Zu seinen lustigsten Arbeiten gehören »Herrn Petermanns Jagdabenteuer«, die auch in einer Separatausgabe erschienen sind, ebenso die »Jagd in Bildern« u. a. m.«
Der Vater Max Haiders wurde 1762 in Gelting geboren. Er war Soldat, zeichnete sich als Kavallerist in den Napoleonischen Kriegen aus und bekam als Anerkennung dafür und als Ruheposten die Verwalterstelle in dem kleinen Jagdschlößchen Biederstein bei München, das dem Kurfürsten Maximilian gehörte. Am 29. 7. 1807 kam Max Haider in Biederstein zur Welt. König Max I. war sein Pate – ein deutliches Zeichen dafür, daß der Vater hoch in der Gunst stand und kein unbedeutender Mann war. 1824 starben beide Eltern. Der König kümmerte sich um den verwaisten Buben. Eine Anekdote erzählt, daß Max I. den Vierzehnjährigen gefragt habe: »No, was willst denn dann werd'n, Maxl?« – »An Apotheker oder a Jager!« – »Mit deinem Apotheker kannst mich ... Aber a Jager sollst werden!«
König Ludwig I., noch am Ende des 18. Jahunderts geboren, war ein Regent, dessen Ansichten und Regierungsstil trotz der Französischen Revolution und deren Folgeerscheinungen mehr ins absolutistische 18. als ins 19. Jahrhundert gehörten. Das Jahr 1848, in dem er zurücktrat, brachte eine grundlegende Änderung der bayerischen Jagd. Durch das Gesetz vom 4. Juni 1848 erfolgt die Beseitigung des Jagdregals, die Aufhebung des fürstlichen Jagdrechts auf fremden Grund und Boden und die Wiederaufrichtung des alten deutschrechtlichen Grundsatzes, daß die Berechtigung zur Jagd Ausfluß und Bestandteil des Grundeigentumes ist.
Schon bald zeigten sich freilich die Mängel der neuen Gesetzgebung. Es trat eine förmliche Jagdanarchie, ein Zustand der Verwilderung des Jagdwesens ein. So durfte jetzt sowohl der Herr über riesige Ländereien als auch der kleine Bauer auf seinem bescheidenen Grund schießen und fangen, was und wieviel ihm beliebte. Wollte er die Jagd nicht selbst ausüben, konnte er das Jagdrecht an andere abtreten oder verpachten. Ebenso konnte natürlich die Dorfgemeinde mit dem Gemeindeland verfahren. Natürlich durfte der Bauer jetzt auch seinen Hund frei herumlaufen lassen.
In Scharen zogen nunmehr Bürger und Bauern hinaus, rissen die Wildgatter ein und erlegten das Wild mit allen zur Verfügung stehenden Mitteln. Was hier durchbrach und sich austobte, war nicht aufgestaute Jagdleidenschaft, auch nicht Armut und Hunger. Wie ein Jagdhistoriker treffend erklärte, waren »Wild und Jagd zu verhaßten Symbolen all dessen geworden, gegen das der Bauer aufstand im Land«.
Über diesen Tiefstand der bayerischen Jagd schrieb Franz von Kobell: »Mit dem Jahre 1848, wo unter allerhand Vorwand von der Gefahr des Vaterlandes auf Volksbewaffnung gedrungen und diese auch teilweise in der Bildung von Freikorps usw. erreicht wurde, mußte schon deshalb der Wildstand mehr oder weniger seinen Untergang finden, denn die Bauern, Bergschützen usw. zogen mit den zugeteilten Waffen soviel sie konnten zum Jagen aus, und mancher anfangs jubelnde Demokrat sah mit Entsetzen, wie sie lieber dem Wild nachliefen, als sich der angesonnenen Verfechtung seiner Fortschrittsideen hinzugeben, und wie alles Reden und Schmeicheln nichts nützte. – Dazu kamen die neuen Jagdgesetze und allerlei Verwirrung und Unfug, so daß namentlich die Hirschjagd in vielen Landesdistrikten ihr Ende fand oder auf Parke beschränkt wurde.« Kobell fährt fort: »Die vorzüglichsten Parke, welche Edelwild hegen, sind Forstenried (800 Stück), Perlach und Grünwald (500 Stück) und Anzing (200 Stück). In Forsten-

Jägers Wappen.

Es trägt der Schild im Wappen mein
Ein edel holdes Weib,
Und ringsum Wald und Wild und Wein
Zu Lust und Zeitvertreib.
Dieß sind die Zeichen, die ich mir
Stets treulich zugesellt;
Es lebt ja ohne diese vier
Kein Waidmann auf der Welt.

Fr. v. Kobell.

ried, Anzing und Grünwald wurden 1851–55 inkl. 333 Stück Edelwild erlegt.«

Diese Mißstände änderten sich in Bayern mit dem Gesetz vom 30. 3. 1850. Sein Hauptgrundsatz: Im Grundeigentum liegt die Berechtigung zur Jagd auf eigenem Grund und Boden, und (was als äußerst wesentlich erscheint) das Jagdrecht darf als Grundgerechtigkeit nicht mehr erworben werden. Durchbrochen wird diese gesetzliche Bestimmung nur durch die von der Legislative verordneten Einschränkungen, die im Interesse der öffentlichen Sicherheit und im Interesse einer geordneten Jagdausübung, der Jagd selbst und des Wildes liegen, so zum Beispiel die Regelung der Schonzeiten, die Bestimmungen über die Jagdausübung, den Schutz der Forst- und Landwirtschaft vor überhöhten Wildschäden. So auch die Bestimmungen über das Jagdausübungsrecht, das dem Grundeigentümer nur unter bestimmten Voraussetzungen (Größe der zusammenhängenden Grundflächen) zusteht. Ihnen liegen keine das Privatrecht einschränkenden Motive zugrunde, sondern lediglich Rücksichten auf die Allgemeinheit, die das Jagdrecht selbst als Ausfluß des Grundeigentums in keiner Weise beschränken.

Hatten die Französische Revolution und die Napoleonischen Kriege schon zum Ende der großen Hofjagden geführt, so wird die Jagd aber

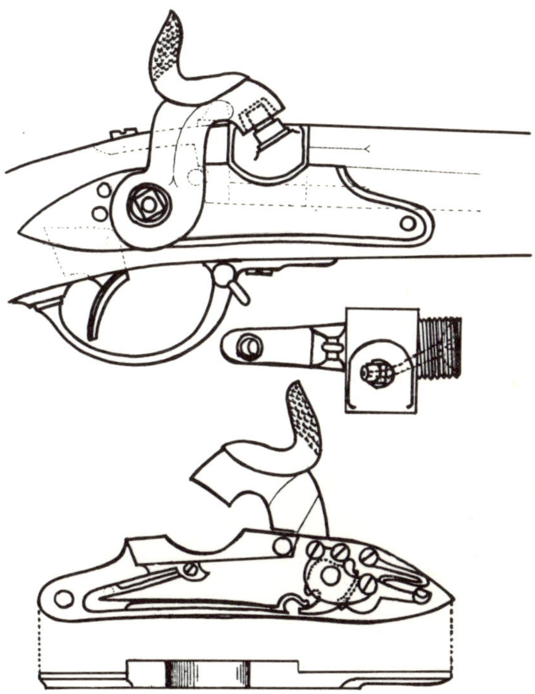

Das Perkussionsschloß von außen, innen und oben

Mitte des 19. Jahrhunderts immer bürgerlicher und nüchterner. Seitdem dominieren die einfache Treibjagd und die Ansitz- und Pirschjagd. Hand in Hand mit dieser sozialen und rechtlichen Veränderung geht die Weiterentwicklung der Waffentechnik. Büchse und Flinte wurden Anfang des 19. Jahrhunderts noch durch das französische Flintschloß, eine verbesserte Version des Schnappschlosses, gezündet, und erst durch die Entwicklung des »Perkussionsschlosses« wird ein neuer Höhepunkt der Waffentechnik eingeleitet. Beim Perkussionsschloß wird der Funke nicht mehr mittels Stahl und Stein erzeugt, sondern auf chemischem Wege. Um 1820 entstanden auf diesem Prinzip beruhend die ersten Jagdwaffen. Auf ein durchbohrtes Röhrchen (Piston) seitlich am Lauf wurde das Zündhütchen aufgesteckt und durch den niederschlagenden Hahn gezündet.

Die Erfindung der Patrone – bei der die Knallkapsel im Bodenstück eingebaut war – erlaubte schließlich die Konstruktion neuer Hinterladersysteme. Der Franzose Casimir Lefaucheux konstruierte z. B. eine Stift-Patrone, die in einem Klipplauf-Hinterlader gezündet werden konnte.

Außer den neuen Techniken der Kipplaufsysteme, die Mitte des 19. Jahrhunderts entstanden

Hinterlader System Lefaucheux in geöffnetem Zustand

und deren Weiterentwicklung bis in die Neuzeit reicht, ist es die Ausschmückung der Waffen, die fast unverändert ins 20. Jahrhundert übernommen wird. Die einfachen Gravuren von Ranken, Blüten und Tiermotiven, die schon im Biedermeier Verwendung fanden, sind noch bei den heutigen Jagdwaffen beliebt. Das Hinterladergewehr hatte – durch die Perkussionszündung ermöglicht – eben erst begonnen, den Vorderlader auch als Jagdwaffe zu verdrängen, als eine im Jahre 1855 in Paris patentierte Patrone, die im wesentlichen der modernen Zentralfeuerpatrone entspricht, eine neue Entwicklung ermöglichte. Die bisherige Zündstiftpatrone hatte verschiedene Nachteile: Sie war ziemlich umständlich zu laden, da der Zündstift genau in die feine Einsparung im Laufende eingesetzt werden mußte. Außerdem war sie sehr gefährlich, da sie sich bei einem Sturz oder Schlag auf den Stift entzünden konnte.

Sehr schnell setzten sich nach der Einführung dieser Zentralfeuerpatronen die Hahngewehre durch, die für diese Patronen konstruiert waren, und verdrängten innerhalb weniger Jahre sowohl den Vorderlader als auch die Zündstiftpatrone. Der Hahn oder Hammer dieser neuen Waffe war kleiner als bei den Perkussionsgewehren und hatte die Aufgabe, einen Schlagbolzen in die Zentralfeuerpatrone zu schlagen.

Etwa gleichlaufend mit dieser Entwicklung, die vor allem bei den Jagdwaffen und im besonderen bei den Flinten stattfand, entstanden die Repetierbüchsen, die aber anfangs nur für den militärischen Gebrauch konzipiert waren. Die Erfindung des Hahngewehres brachte dem Schützen viele Erleichterungen im Vergleich zum Vorderlader. Eine im Jahre 1871 patentierte Erfindung, bei der durch Öffnen der Laufverriegelung gleichzeitig ein inneliegender Hammer gespannt wurde, ersparte diesem jetzt sogar das Spannen des Hahnes. Eine Vielfalt von

Erfindungen folgte, von denen die besten in den heutigen Jagdgewehren verwirklicht sind.
Etwa gleichlaufend mit der Entwicklung einer Fülle von Hinterladersystemen Mitte des 19. Jahrhunderts kam es in Deutschland zu einer völligen Neuorientierung der Jäger. Die durch jahrhundertelange Plagen jagd- und wildfeindlich gewordenen Bauern vernichteten in den Jahren 1848 und 1849 – gedeckt durch die neue Rechtslage nach der Revolution – alles Wild, das sich auf ihrem Grund und Boden zeigte. 1850 kam es dann zu der erwähnten gesetzlichen Regelung, bei der die Bindung des Jagdrechts an Grund und Boden anerkannt, die Ausübung aber von einer bestimmten Mindestgröße abhängig gemacht wurde. So konnte, vor allem auch durch das Interesse breitester Bevölkerungskreise an der Jagdausübung die Gefahr einer völligen Ausrottung der meisten Wildarten aufgehalten werden.
Die grundlegenden sozialpolitischen Veränderungen brachten natürlich auch tiefgreifende Wandlungen auf dem Gebiet der Jagd mit sich. Nicht nur die Jagdtechnik, sondern auch die Jagdethik änderte sich nach dem Niedergang der höfischen Jagd und der damit verbundenen Seltenheit des Wildes, vor allem des Schalenwildes. Je mehr die Jagd breiten Bevölkerungsschichten zugänglich wurde, um so stärker trat das Bedürfnis zutage, Teile des Wildes als Trophäe aufzubewahren und zu sammeln. War das Hirsch- oder Rehgeweih ab dem 16. Jahrhundert meist nur dekorativer Raumschmuck, der durchaus nicht immer vom Herrn des Hauses selbst erbeutet sein mußte, trat jetzt ein Sinneswandel ein: Die Trophäe – das Rehgehörn, die Gamskrucke und die Waffen des Keilers – wurden Erinnerungen an schöne Jagderlebnisse.
Franz von Kobell schildert in seinem 1859 erschienenen Buch »Wildanger« eine Murmeltierjagd, und recht deutlich läßt sich die Denkwelt des Biedermeier nachempfinden, in der aber schon die Wurzeln des übertriebenen Trophäenkultes späterer Zeit erkennbar sind.
»... ich wollte gerne einmal Mankeizähne, wenn auch nicht erster Qualität, erbeuten, um sie am Uhrgehänge zu tragen, wie man es bei Gebirgsjägern oft sieht. Es ist mit solchen Dingen nicht eigentlich wegen des Schmuckes, daß man die haben will, sondern wegen des Erzählens, wenn Einer gelegentlich fragt was für Zähne seyen, denn im Erzählen macht man die Jagdscenen immer wieder durch und handelt es sich um einen seltenen Fall, so bemerkt man gerne, wie die andern begierig oder auch neidisch zuhören ...«
Um die Erinnerung ging es in der Hauptsache dem leidenschaftlichen bayerischen Jäger und Dichter Kobell. Doch es gab auch andere Beweggründe in der Zeit des Biedermeier für den Erwerb und Besitz von Trophäen – die Passion des Sammelns.
König Maximilian II. (* 1811, † 1864) hatte wieder Jägerblut in den Adern, seine Leidenschaft waren besonders die freien Gamstreibjagden – also ohne das Einstellen des Wildes, wie es im 17. und 18. Jahrhundert auch im Gebirge üblich war.
Die Jagdstatistiken von Karl Friedrich Bauer um 1830 geben ein gutes Bild der deutschen Jagd dieser Epoche; der folgende Text aus seinen Arbeiten bezieht sich auf das »Königreich Bayern«:
»Der Edelhirsch findet sich noch in den meisten Theilen Baierns, doch öfterer, wie es scheint, nur als Streifwild. Vom Reh ist in fast allen Gegenden ein mäßiger, theilweise jedoch sehr guter Stand. Zahlreich sind diese beiden Wildarten in dem, etwa 14 Quadratmeilen einnehmenden königlichen Jagdgehege in der Umgebung des Jagdschlosses Tegernsee, welches letztere am Fuße der baierischen und tyroler Alpen liegt. Hier trifft man, hauptsäch-

lich im Rothach- und Weißachthale, vom Edelwild noch Rudel von 30-40 Stück. In diesen Alpen ist auch noch die Gemse in so starker Anzahl, daß man 60-70 Stück auf einmal gewahrt. Die Lieblingsaufenthalte derselben sind der 6 478 Fuß hohe Blauberg, der 5 776 Fuß hohe Hirschberg und der 5 676 Fuß hohe Peisenberg.

Der königliche Thiergarten im Spessart ist vielleicht einer der größten in ganz Deutschland und enthält einen starken Stand von Edel- und Rehwild. In den Jahren 1820/21 waren im Spessart – jedoch mit Ausnahme des lövensteinischen Antheils – ungefähr an Rothwild 203, Sauen 120, Rehen 688, Auerwild 113 Stück.

Die Sau soll jetzt nirgendwo mehr geschont werden, zeigt sich aber doch noch als Streifwild, wenigstens an den Grenzen.

Der Bär (Ursus fuscus) soll nach der Forst- und Jagdzeitung 1831, S. 526 im baierischen Hochgebirge ausgerottet sein. Dagegen wird daselbst im Jahrgange von 1835, S. 527 und 28 bemerkt, daß 1822 und 1835 im Ganzen noch zwei Bären im baierischen Isarkreise erlegt wurden, wovon der letzte unaufgeschärft 280 baierische Pfund wog. Der Rothluchs (Felis rufa) ist dagegen in den Alpen, zum Schaden des edlen Hochwildes, noch heimisch, und werden jährlich mehrere dieser Raubthiere, zuweilen sechs Stück erlegt. Im Jahre 1817 wurde auch im Regenkreise an der böhmischen Grenze ein Luchs geschossen.

Der Wolf, wenn gleich überall nur durchstreifend, wird noch am häufigsten in Rheinbaiern gefunden, besonders in der Umgegend von Kaiserslautern, wo noch fast in jedem Jahre einige Wölfe geschossen werden. Auch erlegte man 1817 einen bei Würzburg.

Ein jetzt in Deutschland seltenes Jagdthier ist der Biber, der sich in Flüssen und Landseen Baierns zum Theil noch vorfindet; am zahlreichsten ist er in der Ammer (Amper, Amber), in der Isar und Donau, doch auch in der Traun, Alz, Salzach, Rott, im Lech, und in den Alpen in der Ries und Jachenau. Die kleine Amber, ein Nebenfluß der Isar soll gegenwärtig die meisten Biber enthalten, wozu ihr Lauf durch die königlichen Jagdgehege mag Anlaß geben, weil dort der Schutz immer hinlänglich geführt werden konnte. Sie sollen in dieser Gegend schon so zahlreich gewesen sein, daß sie die Ufer durch Unterwühlen sichtbar beschädigten. Auch hält man im königlichen Schloßgarten zu Nymphenburg einige Biber, die schon mehrere Junge geworfen.

Auer-, Birk- und Haselhühner nicht selten in den Gebirgen; desgleichen wilde Katze; die übrigen Gegenstände der niedern Jagd in mäßiger Anzahl; um Nymphenburg jedoch ein reichlich besetztes niederes Jagdgehege; der Alphase im Hochgebirge; zuweilen auch Schnee- und Steinhühner daselbst; wilde Kaninchen sehr häufig um München.

Die Jagd wird, insofern nicht Verpachtung statt findet, unter Aufsicht der Forstämter durch die Revierförster verwaltet. Die in den königlichen Leibgehegen in der Nähe der Residenz leitet der Hofjagdintendant (Hofjägermeister) durch besondere Revierjäger, oder in einzelnen Fällen durch die königlichen Revierförster, neben welchen auch theilweis noch Jagdgehülfen und Jagdaufseher zum Schutz bestellt sind.«

Maximilian II. ist auch der erste Wittelsbacher, von dem ein Foto in volkstümlicher Jagdkleidung existiert. Aufgenommen hat es der berühmte Hoffotograf Hanfstaengl um 1855. Noch entspricht die Kleidung nicht der oberbayerischen Männertracht, doch der Stopselhut mit dem Feder- und Haarschmuck erlegten Wildes zeigt schon die Anlehnung an die Berufskleidung der Jäger auf.

Zu jener Zeit widmete der Universitätsprofessor und später geadelte Ritter von Kobell sein Buch »Wildanger«, die Bibel von Generationen

bayerischer Jäger, dem König und schrieb über die »freien Gebirgsjagden, wie sie die Poesie des Gebirges verlangt«: »Es hängt dies auch mit Anordnungen über Nebendinge zusammen, welche scheinbar nicht von Belang sind, gleichwohl aber wesentlich beitragen, das Ganze waidmännisch und poetisch auszustatten. Es gehört dahin eine uniforme malerische Kleidung der Schützen, welche im allgemeinen den Charakter der Kleidung trägt, wie sie im Gebirg gangbar ist. Eine lichtgraue, grün ausgeschlagene Joppe mit geschlitzten Ärmeln, grünes Collet, kurze dunkelgraue Hosen und ähnliche Strümpfe mit grüner Verzierung und Schnürschuhe bilden den Anzug, dazu ein grüner Gebirgshut mit Gemsbart und Spielhahnfedern und ein kurzes Waidmesser als Wehrgehäng.«
Der Autor dieses Textes war eine herausragende Persönlichkeit im Königreich Bayern. Der Mineraloge und Schriftsteller Franz von Kobell, dessen Gedichte in bayerischer Mundart voll Humor sind, ist am 9. Juli 1803 in München

Franz von Kobell

geboren und am 11. November 1882 dort gestorben. Er entstammt einer Familie von Künstlern und hohen Beamten. Wilhelm Kobell, der große Landschaftsmaler, war sein Onkel; sein Schwiegervater und Onkel (er heiratete seine Cousine Karoline) war Staatsrat und Mitglied der Regentschaft des Königs Otto von Griechenland. Im Jahr 1826, erst dreiundzwanzigjährig, wurde er zum außerordentlichen Professor an der Ludwig-Maximilians-Universität in München ernannt.
Man erzählt von Franz von Kobell, dem Dichter des »Brandner Kaspar«, daß er einmal äußerst ungehalten war, weil er eine Zeitlang nicht mehr auf die Jagden von König Max II. eingeladen wurde. Der Grund: Kobell war mit dem König zur Gamsjagd aufgebrochen. Bei miserablem Wetter hatten die beiden seit einigen Tagen auf der Jagdhütte zunächst im Gebirge gesessen. Sie konnten nichts unternehmen, und als der König den Professor fragte: »Was wollen wir denn morgen tun, wenn es wieder regnet, lieber Kobell?« antwortete dieser saugrantig: »Genau so blöd schaugn, wia heut, Majestät!« Das hatte der König übel genommen und er ließ es den Professor dadurch merken, daß er ihn für einige Zeit nicht mehr auf die Hofjagden einlud. Lange ging das allerdings nicht, denn den glänzenden Unterhalter, Stegreif-Gstanzl-Dichter und hervorragenden Schützen wollte er auf Dauer doch nicht missen.
Durch seinen »Wildanger« ist Franz von Kobell zu einem der geistigen Begründer der modernen Einzeljagd geworden. Schon zu seinen Lebzeiten wurde er als Jäger zur legendären Gestalt und zum Ausdruck eines Jagdgefühls. Bei Holzfällern, Jägern und Sennern suchte Kobell nach noch erhaltenem altem Liedgut. Im Jahre 1860 erschienen dann im »Auftrag und mit Unterstützung Seiner Majestät des Königs« die Oberbayerischen Lieder. Mit die-

Titelseite der Jägerlieder von Franz Pocci und Franz von Kobell

sem »Königsbüchl« fing übrigens die Pflege der bayerischen Volksmusik an.
R. Braun-Artaria, die Tochter des Bekannten Kunsthändlers, schildert in ihren Erinnerungen die Person des Jägers, Dichters und bedeutenden Wissenschaftlers, nach dem ein Mineral »Kobellit« genannt ist, der die Galvanographie und gleichzeitig mit Daguerre die Fotografie erfunden hat: »Sehr häufig erschien dann auch der Hausherr (Kobell) auf eine halbe Stunde, der weiße Krauskopf mit der dunklen Hautfarbe wie gegerbtes Leder und den stark vorstehenden blauen Augen. Die graue Lodenjoppe mit den grünen Aufschlägen und Hirschhornknöpfen war sein ständiges Gewand. Nie sah man ihn, auch in Gesellschaft, in einem anderen. Es ging die Sage von einem Frack, den er besitzen sollte, aber gesehen hat den von uns niemand«.
Am 11. November 1882 starb der Mineralogieprofessor und Dialektdichter Franz von Kobell. Kurz vor seinem Tod hatte er noch an den Herzog Max in Bayern geschrieben: »... da fängt der Humor an, sauer zu werden, und ruft mir zu, gib dich drein, es ist nichts mehr zu machen.«
Wie sehr Kobell mit der Jagd verbunden war, zeigt eine Aufzeichnung seines Freundes Pocci im »Archiv der Gesellschaft Alt-England«: »Es geschah bisweilen, aber natürlich höchst selten, daß der Jagdfreund Professor von Kobell verhindert war, sein Kolleg zu lesen. Oben an der Tür lasen die Studenten dann den Zettel und unten an der Türe lasen sie dann die Schrote auf, die der Herr Professor hatte fallen lassen.«
Franz von Pocci, königlich bayerischer Hofzeremonienmeister, Maler, Zeichner, Dichter, Musiker und natürlich Jäger hat mit Kobell 1843 die Sammlung »Alte und neue Jäger Lieder« herausgegeben. Zahlreiche Zeichnungen in diesem reich illustrierten Büchlein stammen aus der Feder des »Kasperlgrafen« Pocci, der durch seine Puppentheaterdichtungen diesen Beinamen erhielt, illustrierte im Vignettenstil der Zeit fremde Dichtungen, arbeitete für die »Fliegenden Blätter«; schrieb Volksschauspiele, Jäger-, Studentenlieder und komponierte Singspiele und Opern.
Man sagt zwar, daß mit dem 1860 erschienenen »Königsbüchl« von Kobell die Pflege der oberbayerischen Volksmusik anfing, aber vielleicht wären König Max II. die Jagdlieder und Gstanzeln gar nicht aufgefallen, wenn nicht im Jahre 1846 eine Sammlung mit solchen »Gsangln« erschienen wäre. Diese »Oberbayerischen Volkslieder« hatte ein naher Verwandter des Königs, Herzog Max in Bayern – genannt »Zithermaxl« – herausgegeben. Der 1808 geborene Wittelsbacher – seine Großmutter war eine Schwester des ersten bayerischen Königs – ist übrigens der

Der »Adlergraf« Maximilian von und zu Arco-Zinneberg. Lithographie nach einem Foto von Hanfstaengl, München.

Oben: Eingestelltes Jagen, Anfang des 19. Jahrhunderts. Privatbesitz.

Links: Hirschfänger des Leibjägers König Ludwig II. von Bayern, um 1860, und Hirschfänger mit Scheide, München um 1850. Beide Waffen: Deutsches Jagd- und Fischereimuseum.

Rechts: Franz von Defregger: Prinzregent Luitpold auf der Jagd. Privatbesitz.

Oben: Hofjagd. Von rechts: Graf Max Moy, Baron von Rotenhan, Graf Ferdinand Coloredo, Minister von Miltner, Herr von Hoog, Prinz Alfons von Bayern, Prinz Christoph von Bayern, Prinz Ludwig von Bayern, Minister Graf Feilitzsch, Baron Wilhelm Leonhard, Graf . . . , Gesandter Baron Friesen, Prinz Rupprecht von Bayern, Prinz Leopold von Bayern, Baron Ferdinand Reitzenstein, Graf Seinsheim, Adjutant Baron Axter. (Originalbeschriftung des Stadtarchivs München)

Links:
Der Prinzregent mit seinem Jagdfreund Ferdinand von Miller.

Großvater des Herzogs Ludwig Wilhelm in Bayern (1884 – 1968), der Gönner des Kiem Pauli und Autors des Jagdlehrbuches »Die Jagd im Gebirge«.

Durch die umsichtige Hege und Bejagung unter Max II. war der Wildstand in den Revieren Berchtesgaden, Hohenaschau, Linderhof und Hohenschwangau angewachsen, so daß bei den Treibjagden gute Strecken gemacht wurden. Ludwig II. freilich, der Nachfolger, war überhaupt kein Jäger.
Achleitner schreibt in seinem Buch »Jagdparadiese«, daß ein Erlebnis im Ammerwald – ein Treiber wurde von einem Hirsch geforkelt – der Grund für die Abneigung des Märchenkönigs zur Jagd war. Prinz Leopold, der Sohn des Prinzregenten Luitpold, berichtet in seinem Buch »Aus dem Leben zweier Herrenjäger«: Ludwig II. mußte zwar als Kronprinz, auf Befehl seines Vaters, jedes Jahr eine vorgeschriebene Anzahl von Stücken schießen, betrachtete dies aber als eine unangenehme Pflicht und, einmal König geworden, hat er nie mehr ein Gewehr angerührt.«

Prinzregent Luitpold und die Blütezeit der Jagd in Bayern

Mit dem Tode Ludwigs II. (1886) und der Übernahme der Regentschaft durch den Prinzen Luitpold kam wieder ein anderer Zug in den Jagdbetrieb. Der Regent war von Jugend an ein leidenschaftlicher Jäger und ausgezeichneter Bergsteiger. Vor seiner Regentenzeit hatte er viel gepirscht, als er aber, schon 66 Jahre alt, oberster Jagdherr wurde, verlegte er sich mehr auf die Treibjagd, auf Gams und Hirsch im Gebirge. Seine besondere Liebe galt den Tieren und da an anderer Stelle noch über die Hofjagden zur Regentenzeit zu schreiben sein wird, sei

Entwurf zur Briefmarke »Prinzregent Luitpold im Jagdanzug«

hier eine Geschichte wiedergegeben, die sich im wuchtigen, romantischen Jagdparadies »der Röt« – hoch über dem Königsee – zugetragen hat.
Arthur Achleitner hat diese wohl interessanteste und zugleich rührendste Jagdepisode des 73 Jahre umfassenden Waidmannslebens des Prinzregenten Luitpold in seinem Buch »Jagdparadiese« (1913) festgehalten: Der allerhöchste Jagdherr hatte an jenem Tage einen guten Bock krank geschossen, der in das wild zerklüftete Terrain zog und verloren gegeben werden mußte. Prinz Luitpold war über den schlechten Schuß sehr verstimmt, dem Tierfreunde tat es wehe, daß der Gams noch lange leiden und schließlich unauffindbar verludern werde. Nun hatte einer der Hofkavaliere, Graf W. (vermutlich Wolfskeel), einen vorzüglichen, in praktischer Arbeit erprobten Schweißhund bei sich, den er zur Dienstleistung und Verfolgung des Bockes anbot. Mit Zustimmung des allerhöchsten Jagdherrn wurde der Hund auf die Fährte gesetzt.
Alsbald begann die laute Jagd, die besonders Prinz Luitpold mit größtem Interesse und

wachsender Hoffung verfolgte. Die Jagd verzog sich aber in ein entferntes Revier, das Geläute wurde immer schwächer, und dann war der Hund nicht mehr zu hören. Jetzt bedauerte der Regent, die Einwilligung zur Schnallung gegeben zu haben; er befürchtete nun auch den Verlust des wertvollen Hundes. Graf W. aber versicherte, daß der erprobt tüchtige Hund erfolgreich arbeiten und sicher zurückkommen würde. Ein Druck lastete auf der Jagdgesellschaft. Doppelt verstimmt war Prinz Luitpold. Programmgemäß wurde der Marsch über die Sagereckeralm zum Tauernhause am Funtensee angetreten, wo genächtigt werden sollte. Der steinige Weg führte in die Nähe des kleinen Grünsees (1475 m), der wegen seines selbst im Hochsommer eiskalten Wassers bekannt ist. Unweit des Sees erscholl plötzlich das helle Geläut eines Hundes. Eilig wurde der Stelle zugestrebt, die einen Blick in die Tiefe ermöglichte. Ein überraschendes und interessantes Schauspiel bot sich dem Jagdherrn und Gefolge: im See schwammen der Gamsbock und der eifrig jagende Schweißhund!

Mit größtem Interesse verfolgte Prinz Luitpold diese Jagd im Grünsee. Immer näher kam der brave Hund dem eifrig rudernden Bock. Doch plötzlich schien es, als ermatte der Hund. Der Abstand vergrößerte sich.

Im allerhöchsten Herrn regte sich der Tierfreund. Laut bewegt sprach er die Befürchtung aus, daß der sichtlich ermattete Hund ein Opfer der Treue und untergehen werde. Das könne er nicht ansehen und nicht dulden. »Der brave Hund muß gerettet werden!« rief der hohe Herr und jäh zog er die Joppe aus. »Ich hole den Hund schwimmend aus dem See heraus!«

Des Gefolges bemächtigte sich große Bestürzung. Der hohe Herr wiederholte seinen festen Entschluß, das arme, dem Tode geweihte Tier zu retten! Mit aller Eindringlichkeit bemühte sich nun das bestürzte Gefolge den hohen Herrn von dem wegen der Eiseskälte des Grünsees gerade zu lebensgefährlichen Vorhaben abzuhalten.

In wachsender Erregung und banger Sorge um das Tier wehrte der Regent alle Warnungen und Ermahnung der Herren ab. »Der arme Hund muß gerettet werden, Ich will ihn herausholen! Ich bin ein guter Schwimmer! Ich bin abgehärtet, an kaltes Wasser gewöhnt! Der arme Hund, er ist bereits stumm geworden! Vorwärts! Ich will ihn retten!«

Mit aller durch die das hohe Leben gefährdende Absicht des Regenten erzwungenen Bestimmtheit erklärte jetzt der Eigentümer des Hundes, daß dieser Situation ein Ende gemacht werden müsse. Graf W. machte den Kugelstutzen schußfertig.

»Was soll das?« fragte bebend der Regent.

Bestimmt klang die Antwort: »Lieber erschieße ich meinen braven Hund im Wasser, als daß Königliche Hoheit des Hundes wegen Ihr Leben im eiskalten Wasser gefährden! Das kann und will ich nicht verantworten!« Kaum waren diese Worte fest und bestimmt gesprochen, setzte Graf W. die Büchse an.

Rufe ertönten. Die Erregung stieg aufs höchste. Alle Blicke waren auf den See gerichtet. Mit letzter und äußerster Anstrengung erreicht der brave Hund fast am Seeufer den Gams, die Zähne schlugen in die Drossel. Und der Hund zog den verendeten Bock aus dem Wasser. Und mit geschwächter Kraft verbellte er den Gams tot. Der Regent jubelte vor Freude über die Rettung des Hundes, über diese »brave Leistung.«

Ein Kapitel für sich wäre das Thema, »Der Regent und seine Hunde«. Der letzte Favorit und ständige Begleiter war ein Dackel, der hübsche schlanke, aber durch liebevolle Behandlung verwöhnte und eigensinnige »Bürschl«. Zu dienstlichen Leistungen im Re-

vier kam es kaum, er erfüllte seine Hundepflicht in anderer Weise und verschaffte seinem Herrn bis in die letzte Lebenszeit viel Freude.
In den letzen Tagen, die der greise Regent in Berchtesgaden verbrachte, soll er – so berichtet wieder Achleitner – in einer Art Todesahnung zum Dackel gesagt haben »Bürschl, bald werden wir voneinander gehen müssen!« »Bürschl« soll seinen Herrn so angeblickt haben, als hätte er den tiefen Sinn der Abschiedsworte erfaßt.
Prinzregent Luitpold oder zumindest eine Vielzahl von Namen, die mit seiner Person zusammenhängen, wie »Prinzregentenstraße«, »Prinzregententheater«, oder »Prinzregententorte«, sind jedem Kind geläufig. Vor allem im Oberland verehrt man noch heute den nüchternen Staatslenker, der sogar auf den königlichen Briefmarken mit Lodenjoppe und Jägerhut abgebildet ist. Dabei war diesem besonnenen, unaufdringlichen und gütigen Regenten die Rolle des geliebten Landesvaters nicht vorgezeichnet.
Nach der Katastrophe, als er die Nachricht vom Tod König Ludwigs II. am 14. Juni 1886 überbracht bekam, rief er nicht umsonst in böser Ahnung aus: »Man wird sagen, ich sei der Mörder!« Tatsächlich war die allgemeine Stimmung des Volkes anfangs gegen »Des Königreichs Bayern Verweser«, und Anhänger des verstorbenen Königs warfen seiner Kutsche sogar Steine nach.
Als der erfahrene Waidmann Luitpold zum erstenmal als Prinzregent nach Hohenschwangau kam, fiel der Empfang etwas frostig aus, aber man erwartete ihn auch schon neugierig. Angesichts des Regenten in Begleitung fragte einer der Treiber seinen Nachbarn: »Wöller ischt's?« Der Befragte hob den Kopf kurz in die Richtung und meinte nur: »Der da – der mit der schiachn'n Jopp'n!«
Diese Anekdote machte schnell die Runde. Die vielen Fotos und Postkarten von Hofjagden, die meist um die Jahrhundertwende entstanden sind, lassen sie glaubwürdig erscheinen. Freundlich und volksnah tritt uns der Greis mit dem üppigen Vollbart eines Oberförsters entgegen, und genau wie seine Jäger und Treiber trägt er die echte Oberländer Tracht: Joppe, Wadenstrümpfe und kurze Lederhose. Daß es selbst bei einfallendem kalten Wetter im Herbst bei der Gamsjagd den Getreuen nur schwer gelang, den schon greisen, aber abgehärteten Regenten dazu zu bewegen, seine heißgeliebte kurze »Wichs« (Lederhose) gegen warme Kleidung auszutauschen, hat Forstdirektor Greiss erzählt. Sein Großvater war der Hofjagdintendant des Regenten, und er selbst kann sich noch genau daran erinnern, wie er als Bub dem Regenten bei einer Jagd in Hohenschwangau einen Blumenstrauß überreichen durfte.
Luitpold war – man muß den abgedroschenen Spruch auf ihn anwenden – ein Jäger von altem Schrot und Korn. Schon früh in seiner Jugend stählte er den Körper durch Schwimmen, Turnen, Bergsteigen, Reiten und Fechten. Aus dem Briefwechsel mit seinem Vater, König Ludwig I., läßt sich schon die Neigung zur Natur und zum Natürlichen erkennen. Er sammelt Mineralien, und den Tieren gilt seine große Liebe. Typisch auch für den Prinzen ein Brief an seinen Vater: daraus geht hervor, daß der Jäger Barth von Nympenburg, nachdem er 36 Jahre Hofjäger gewesen war, als Stadtgerichtsbote nach Aschaffenburg versetzt werden sollte. Luitpold setzt sich am 28. Februar 1839 für ihn ein: »Ich halte es für meine Pflicht, Ihnen, guter Vater, darüber zu schreiben, da ich vielleicht mittelbar schuld an seinem Unglück bin. Schon seit ein paar Jahren ließ ich mir von ihm die Gewehre laden, er begleitete und bediente mich, wenn ich auf die Jagd ging, und eben dies vermehrte, wie ich glaube, den Neid der übrigen Jäger, die ihren Vorgesetzten gegen Barth aufhetzten; zugleich

aber bin ich überzeugt, daß letzterer, gerade weil er in mir eine Stütze zu haben glaubte, in seinem Benehmen vielleicht anmaßender wurde: so bin ich doppelt schuld an seinem Unglück; umso mehr, da ich, als Herr von Coulon mir andere Jäger zur Begleitung vorschlug, dennoch Barth behielt, mit dem ich, was seine Beziehung zu mir betrifft, zufrieden war . . . Guter Vater! In Berücksichtigung dieser Reibungen großenteils von dem Neider der anderen erregt, des von mir beigetragenen Teiles der Schuld, seiner 36jährigen Dienste als Hofjäger und seiner zahlreichen Familie bitte ich Sie, wenn er auch nicht den Platz in Nymphenburg wieder erhält, ihn doch in Neuhausen als Hofjäger zu lassen und zu sehen, ob er, durch Angst vor der drohenden Strafe gewitzt, sich in Zukunft vielleicht besser verhält«.
Sehr spärlich sind die Hinweise, über den Prinzen als Jäger vor 1886. Das liegt sicher daran, daß sich das Interesse des Volkes an Prinz Luitpold mehr auf dessen militärische und politische Laufbahn konzentriert, und die Berichterstatter dieser Zeit vor allem darüber schrieben. In den Jahren nach der Revolution von 1848, mit den für den Wohlstand der bayerischen Reviere so verheerenden Folgen, gab es aber auch sicher wenig über die Jagd zu berichten. Das Wild wurde, wie geschildert, als verhaßtes Symbol der Obrigkeit schonungslos verfolgt und nahezu ausgerottet. Besonders die Rotwildbestände des Oberlandes wurden fast völlig vernichtet.
»Es war im Jahr 1850, als Prinz Luitpold die völlig ausgeschlossene Allgäuer Jagd übernahm, die so ziemlich das ganze Quellgebiet der Iller umfaßte. Hochwild gab es keines, und die Gamsstrecken waren äußerst bescheiden.«
Das schreibt Prinz Leopold, der Sohn des Regenten, in seinem Buch: »Aus dem Leben zweier Herrenjäger«. Da half auch die beste Hege in Form von Schütten (Fütterungen) nichts, die der königliche Jagdherr anlegte. Endlich im Jahr 1856 bat der Prinz den König um die Erlaubnis, aus dem Forstenrieder Wildpark (bei München) Hirsche fangen zu dürfen, um sie in den Allgäuer Revieren aussetzen zu können. Majestät stimmte zu! Nach achtzehn Jahren strenger Hege und Schonung dann erlegte Prinz Luitpold auf allgäuischem Boden den ersten bayerischen und zugleich kapitalen Hirsch. Rund 70 Jahre hat Luitpold in diesen Revieren im Frühjahr auf den Auerhahn und im Herbst auf Hirschen und Gams gejagt. Es ist bestimmt der besondere Verdienst von Bayerns späterem Regenten, daß der Jäger und Naturfreund auch noch heute in unseren Bergen Rotwild in freier Wildbahn beobachten kann.
Jagte Prinz Luitpold vor seinem Regierungsantritt vor allem in seinen Allgäuer Revieren, so

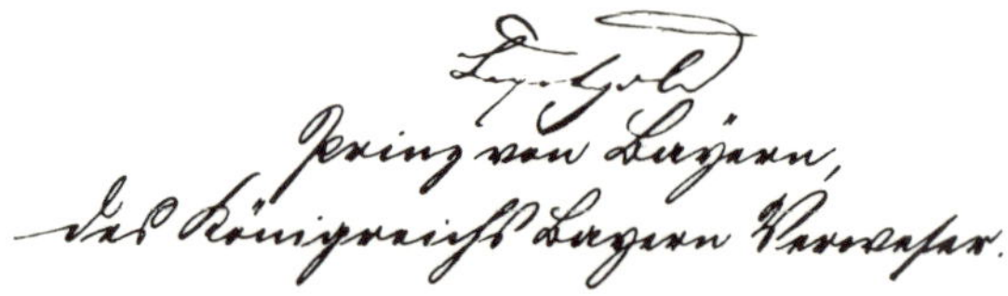

Unterschrift des Prinzregenten Luitpold

wurde er im Jahre 1886 zum Jagdherren der landschaftlich schönsten Reviere Bayerns. »Wie es sich gebührt: Dem König stets das Beste« beginnt Arthur Achleitner sein 1913 erschienenes Buch »Jagdparadiese in Wort und Bild«. Er gibt darin auch die genauen Größen der königlichen Leitgehege an.
Von den insgesamt 130 000 Hektar sind 75 000 Hektar Eigenjagden und etwa 55 000 Hektar angepachtete Jagdbezirke. Der kleinste Teil dieses gewaltigen Komplexes liegt im Flachland in der Umgebung von München. Das größte Gebiet findet sich in den Bergen des südlichen Bayerns, bis hinüber zur schweizerischen Grenze und in den Eichenwäldern des Spessarts in Unterfranken.
In einem Aufsatz, den Fritz von Ostini zum 80.

Geburtstag des Regenten schrieb, findet man genaue Angaben über den Wildstand dieser riesigen Reviere: »In den Leibgehegen um Berchtesgaden und um Hohenschwangau standen in diesem Jahr an den Futterplätzen rund 8 500 Stück Rotwild, 8 070 Stück Gemswild und 3 890 Rehe. In den Jagden im Allgäu tummelten sich etwa 1 000 Hirsche und 2 500 Gemsen.«

Da gab es für den Regenten und seine Jäger viel Weidmannsarbeit! Die Jagdzeiten wurden, wie der Berichterstatter weiter schreibt, alljährlich fast auf den Tag genau eingehalten, und nahezu ein Vierteljahrhundert sagte man nur an acht Tagen die angesetzen Jagden ab.

Das Jagdjahr des Regenten – über der königlichen bayerischen Hofjagdintendanz wurde das Jagdjahr vom 1. April bis zum 31. März des nächsten Jahres gerechnet – begann im Frühjahr mit dem Schnepfenstrich und der Spielhahnjagd in der Hirschau bei München. Dieses Revier lag am linken Isarufer und ging vom Englischen Garten bis halbwegs nach Freising. Es umfaßte die unberührten Auwälder und westlich davon die Felder, Forste und Heiden bis hinüber zu dem königlichen Revier in Schleißheim.

Im Juli begann die Entenjagd in den zahlreichen Tümpeln und Altwassern an der Isar. Der Regent war, wie der Schwiegersohn Prinz Leopolds, Erzherzog Joseph, in seinem Buch »Hohe Jagd« berichtet, ein guter Flugwildschütze. Einige der letzten Jagdfotos, die von Luitpold gemacht wurden, zeigen den Hochbetagten mit seinen treuen Begleitern, dem Büchsenspanner Häberlein, dem Leibjäger Skell und dem Aumeister Reindl bei der Entenjagd im Englischen Garten.

Mit dem Beginn des Sommers begann die Schußzeit des Rehwilds, doch die »Birsche« auf Rehe, wie auch die Kaninchenjagd schienen Luitpold nicht so zu liegen. Fritz von Ostini berichtet 1901 darüber: »Auch die Jagd auf Lapins (Kaninchen), der Schuß ist bekanntlich nicht leicht, aber das Wild doch gar zu wenig edel – ist seit sieben Jahren aufgegeben worden. Die Lapins in den Gehegen – Lapeindeln werden sie auf Münchnerisch ausgesprochen – sollten abgeschossen werden, was aber nicht vollkommen gelang. Auf die Überlebenden jagt von Zeit zu Zeit noch ein jüngerer Prinz des königlichen Hauses. Früher gab es des lustigen Ungeziefers in den Föhrenwäldchen und Fichtengehegen jener Heiden viele.«

Im August begannen dann die Jagden im königlichen Leibgehege Vorderriß und bei Hohenschwangau. Im Vorderriß, wo die lichtgrüne Isar von ihrer Quelle nur wenige Marschstunden entfernt rauscht, bewohnte Bayerns oberster Jagdherr das gleichnamige Jagdhaus. Dieses im Typ eines Oberbayerischen Bauernhauses errichtete, bescheidene Haus bevorzugte schon Ludwig II. wegen der stillen Bergeinsamkeit.

Die Förster und Jäger des Isarwinkels wußten, warum sie sich in früheren Zeiten von Fanghunden begleiten ließen, die von den verwegenen Wilderern, den »Lumpen«, mehr gefürchtet wurden als die Büchsenkugeln.

Gewildert wurde auch noch zur Zeit von Prinzregent Luitpold. Die kernigen Isarwinkler Wilddiebe führten sogar Gefechte gegen das Jagdpersonal, wenn Jäger und Förster zum Beispiel den Transport gestohlenen Wildes mit Flößen auf der Isar verhindern wollten.

Aber nicht allein der Jagdlust und des Wildbrets wegen wurde gewildert, die Bevölkerung glaubte noch bis zum Anfang unseres Jahrhunderts häufig an die übernatürlichen Kräfte des Wildes. So sah man im Gamsblut, wie auch im Tragen eines »Wachlers« (Gamsbart) ein Universalmittel für Kraft und Mut. Ein Hasenlauf half gegen Kopfschmerz, und das »Inschlitt« des Hirsches war ein gesuchtes Heilmittel gegen wunde Füße.

Bei solchem Interesse für das Wild und bei diesem volksmedizinischen Aberglauben war der Jagdeifer der Nichtbefugten leicht erklärlich. Der Wilderei und Hehlerei wurde hier wie in allen Hofjagdrevieren auf Luitpolds Geheiß ein wirksamer Riegel vorgeschoben: Auf allerhöchsten Befehl gab man Wildbret in ganzen Stücken, zerwirkt von den Jagd- und Forstämtern, zu sehr billigen Preisen an die Bevölkerung ab.

Aber zurück zu den Hofjagden selbst: Immer wieder kann man in bezug auf die Gebirgsjagden lesen, wie schonend der Regent seinen Gams- und Hirschbestand bejagt hat. Er lehnte zum Beispiel die großen Gamstreibjagden strikt ab, die noch von den meisten fürstlichen Jagdherren seiner Zeit bevorzugt wurden. Meist jagte er nur mit einem möglichst kleinen Kreis von persönlichen Jagdfreunden, der über Jahrzehnte gleich blieb. Im Gamswildbuch von Oberförster Hauber aus Berchtesgaden erfahren wir, »daß der Landesherr von ganzem Herzen jede künstliche Steigerung bei der Jagd verabscheute«. Es kam ihm nicht auf die große Strecke an, sondern auf das einzelne, richtig erlegte Stück.

Er ließ nur solche »Triebe« jagen, in denen vornehmlich Böcke vorkamen. Auch verschonte er bei Treibjagden die Bögen, in denen sich Rudelgams (weibliches Wild mit Kitzen und zu junge Böcke) aufhielten.

Die zu bejagenden Gamsbögen wechselte man von Jahr zu Jahr und ließ sie zwischendurch wieder in Pflege. Förster Hauber, der über 25 Jahre die Gamstreibjagden in Berchtesgaden leitete, äußert in diesem Gamsbuch folgende Überzeugung: »Prinzregent Luitpold hätte am liebsten ganz allein mit Hilfe von nur wenigen auf einzelne Gamsböcke geriegelt. Die Verpflichtungen als Landesfürst aber brachten es mit sich, daß die Jagden mit größerem Gefolge abgehalten wurden und es außerdem auch seine Herzensgüte verbot, seine Waidmannsfreuden nicht auch mit den Herren seiner Begleitung zu teilen!

Ein kleines Notizbuch, das etwa um das Jahr 1904 entstanden ist und das vermutlich vom Hofjagdintendanten Franz von Hörmann stammt, zeigt die fast militärische Planung der großen Hofjagden in den Bergen. Haargenau sind in sauber gezeichneten kleinen Lageplänen die Stände der Schützen eingezeichnet und die Aufstellung der Treiberketten festgelegt.

Die gegenüberliegende Textseite enthält den genauen Zeitplan für das gezeichnete Treiben. Angaben über die Zeit, die für das Erreichen verschiedener Punkte – zu Pferd, mit dem Schlitten oder zu Fuß – gebraucht wurde und andere wichtige organisatorische Einzelheiten sind angegeben. Dieses Dokument, das im Forstamt von Berchtesgaden aufbewahrt wird, zählt zu den wenigen noch erhaltenen Schriftstücken der Hofjagdzeit. Durch die darin über Jahre festgehaltenen Schützen gelang es, wenigstens einen Teil der Personen auf den alten Hofjagdphotographien durch Vergleiche zu bestimmen. Leider verzichtete man bei fast allen diesen Fotos auf eine Beschriftung – man kannte die Persönlichkeit ja.

Nach dem Jagdaufenthalt in Vorderriß und Hohenschwangau begab sich der Regent etwa am 6. oder 7. September auf seine Allgäuer Jagden. Hier hauste einer seiner Lieblingsjäger, Oberjäger Dorn, dessen scharfgeschnittenen charakteristischen Kopf Fritz August von Kaulbach – auch ein treuer Jagdfreund des Regenten – oft mit Zeichenstift und Pinsel festgehalten hat. Ludwig Ganghofer berichtet in seinem Buch »Von Böcken, Dackeln und allerlei Waidwerk« von der urigen Gestalt mit dem weißen Zaushaar und dem verwitterten Filzhut, dessen aufgebogene Krempe von einer langen Adlerfeder durchstoßen war: »Jahraus und jahrein, bei Schnee oder Hitze, geht Leo Dorn in der

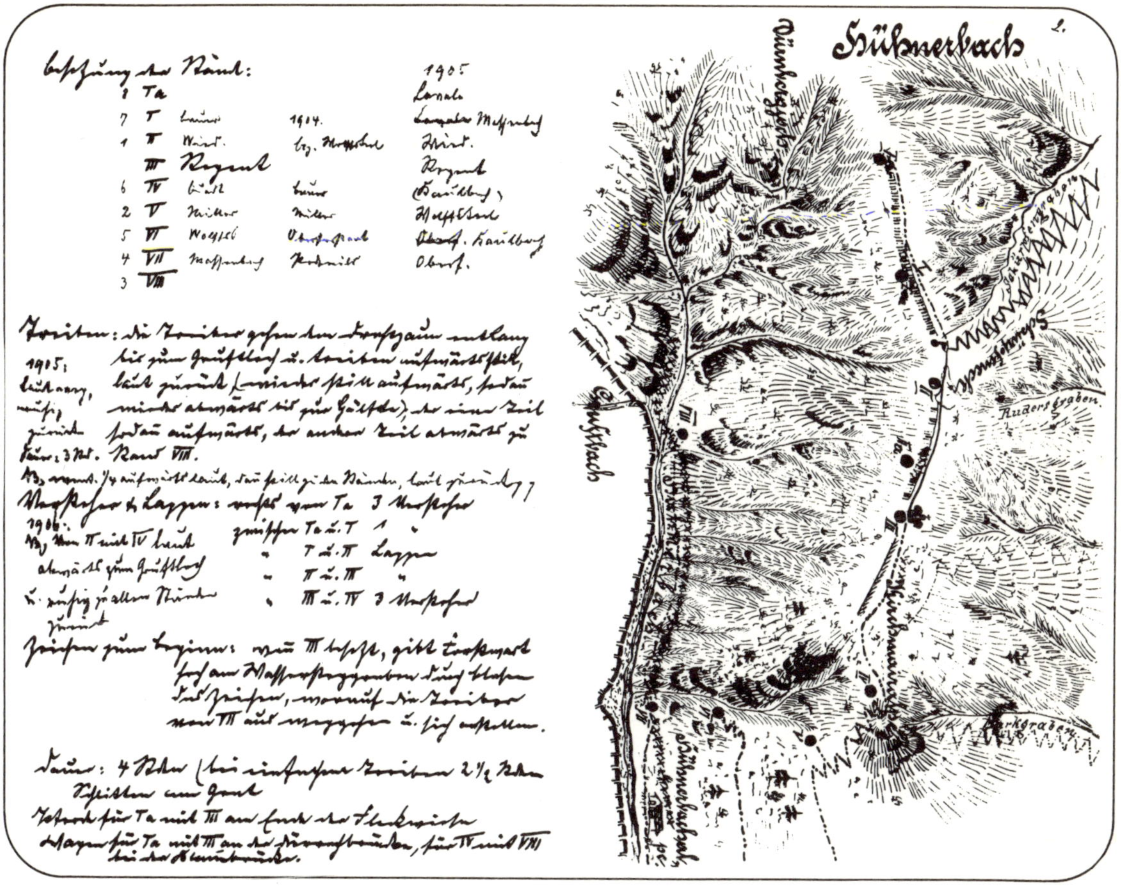

Zwei Notizbuchseiten aus den Aufzeichnungen Franz von Hörmanns

gleichen Lodenjoppe, in der kurzen Lederhose mit entblößten Knien. Und die Füße stecken in den schweren Nagelschuhen. ›Denn, weißt, i bin zu viel zartli (empfindlich) an die Füß‹, versicherte er mir, ›wollenen Söckeln vertrag i nit, die beißen mi allweil gar so viel!‹« Eine Begebenheit, die sich auf einer Hofjagd im Allgäu zugetragen haben soll, erzählt man sich noch heute bei den zünftigen Jägern im Hinterstein. Jener königliche Oberjäger mit der scharf gekrümmten Hakennase stand bei einer Treibjagd hinter dem Regenten im Stand. Ruhig zog Luitpold an seiner Zigarre, während ein starker Hirsch versuchte, sich – in guter Deckung und immer wieder sichernd – aus dem Trieb zu drücken. Dorn – wegen seiner Jagderfolge auf den Wappenvogel auch »Adlerjäger« genannt, verfolgte jede Bewegung des Tieres und zischte seinem Herrn aus seinem schneeweißen Vollbart zu: »Schiaß, schiaß!«
Doch der hohe Jagdherr blieb ruhig, verfolgte jede Bewegung des sichernden Hirsches. Er stand wie versteinert, nur langsam bewegte sich seine Hand nach unten, um die dicke Zigarre

Oberjäger Leo Dorn. Zeichnung von C. W. Allers aus dem Deutschen Jägerbuch von Ludwig Ganghofer

abzulegen. »Schiaß, schiaß, Regent!« flehte der Oberjäger jetzt schon beinahe von hinten aus dem Stand.

Nur noch wenige Schritte war das Wild von der schützenden Deckung entfernt, als der Oberjäger herausplatzte: »Schiaß, schiaß, Regent, sonst bischt a Depp!« Der greise Jagdherr soll den Hirsch erlegt haben, noch ehe Dorn seine letzte Aufforderung beendet hatte. Nehmen wir also an, daß der »Depp« weitgehend im Büchsenknall untergegangen ist.

In Oberstdorf und Hinterstein besaß Prinzregent Luitpold zwei Jagdhäuser. Dem kleinen bescheidenen Bau in Oberstdorf mit seiner hölzernen Altane und dem winzigen Ziergarten davor, hatte das Volk den Namen »Jagdschloß« gegeben. Wie Achleitner in seinem Buch »Jagdparadiese« berichtet, sind der einzige Schmuck dieses Hauses, dessen Einrichtung sehr einfach gehalten ist, Trophäen des Regenten und seiner Söhne Ludwig und Leopold. Er beschreibt aber auch so manches zurückgelassene Stück, das an den Jagdherren und seine Wiederkehr übers Jahr erinnert. So zum Beispiel den wetterzerzausten Jagdhut, den sich Luitpold eigenhändig für das »Gejaide« präpariert hatte. Die vordere Krempe war durchbohrt und in das Loch der Griff eines vergrößernden Augenglases gesteckt. Auf diese primitive, originelle und praktische Weise ersetzte der hohe Jagdherr das Perspektiv, das die Neuzeit auf die verhaßte Kilometerbüchse stellt.

Der Lieblingsaufenthalt des Regenten während der Allgäuer Jagden war die kleine einfache Jagdhütte am Schrattenberg. Hier wurde alljährlich zur Jagdzeit die Waldmesse vor der Kirchentanne gefeiert, zu der sich um den Jagdherren und seine Gäste auch die Jäger und die wetterharten Gestalten der Gebirgler versammelt hatten. Der Altar war an einem großen, mit Moos bewachsenen Felsblock aufgestellt, in dessen Mitte sich ein in Erz gegossener Christus befand. Zwischen einer alten Riesentanne und dem Fels war ein Betstuhl für den Prinzregenten aufgestellt.

Für die Gebirgler, die schon vor dem Morgengrauen von den Höhen und aus den Tälern zu diesem Naturtempel gewandert waren, um der Waldmesse beizuwohnen und den Regenten zu sehen, war dieser Tag jedesmal ein Ehren- und

Freudentag. Der fromme hohe Jagdherr unterhielt sich mit ihnen in seiner freundlichen liebenswerten Art, beschenkte Frauen und Kinder mit Süßigkeiten, und für die Männer gab es Kaffee oder Bier.

Ein von Reichsrat Ferdinand von Miller modelliertes, in Erz gegossenes Reliefbild wurde 1901 in den Altarfels am Schrattenberg eingelassen. Es trägt folgende Inschrift: »das eherne Bild des edlen Waidmannes Prinzregent Luitpold von Bayern sei anvertraut dem ewigen Fels in Treue und Ehrfurcht. Die dankbaren Jagdgäste Angerer, Massenbach, Miller, Wolfskeel, Wiedemann, Türk, Quand, Krembs, Kausbach, Halm, Brattler, Podewils und Lavale.« Das Relief kann der Bergwanderer noch heute am Schrattenberg betrachten, die uralten Tanne aber hat leider der Bergsturm gefällt.

Bis Ende September dauerten die Allgäuer Jagden, dann rief den Regenten jedesmal seiner Repräsentationspflicht aus der stillen Bergwelt zurück in das damals schon als laut empfundene Getriebe der Großstadt zurück. Zum Oktoberfest hat er dann die Lodenjoppe mit dem ordenfunkelnden Waffenrock vertauscht, damit das Volk den Landesvater und seinen Hof beim Umzug und den Festveranstaltungen auch einmal mit fürstlichem Gepränge sehen konnte. Aber gleich nach dem lärmenden Fest auf der Theresienwiese zog es den Landesherren wieder in sein Lieblingsrevier ins Berchtesgadener Land. Das Hofjagdlager wurde dort abwechselnd nach St. Bartholomä, auf den Priesberg oder nach Hintersee verlegt. Reges Leben kehrte dann plötzlich in die Jagdhäuser und Jagdhütten ein. Boten, Diener, Jäger und Treiber traten sich auf die Füße. Der Jagdleiter und sein Forst- und Jagdpersonal beratschlagten lebhaft über die einzelnen Triebe, während der Regent Bayerns noch die Regierungsarbeit mit großer Pünktlichkeit auch während der Jagdzeiten erledigte. Hier in den wilden, romantischen Revieren um den Königssee wirkten auch über Generationen drei bekannte Jägerfamilien. »Hohenadel, Sollacher und Krembs, wenns wo fehlt, dann kemmts« sagte ein gängiges Sprichwort über sie. Der »Simplizissimus« verunstaltete es boshaft als Text unter einem ganzseitigen Bild: »Hohenadel, Sollacher, Krembs, wenns was brauchts, dann kemmts!«

Die genannten drei Jäger standen natürlich hoch in der Gunst ihres Jagdherren – geschenkt wurde ihnen aber bestimmt nichts, wie man etwa dem Verserl entnehmen könnte. Freilich wurden die besten Heger, Jäger und Hundeführer immer wieder an die Brennpunkte der königlichen Hofjagd versetzt, und diese meist in recht schönen Landschaften mit viel Wald und weniger Papierdienst, das erregte Kollegenneid.

Dr. Oskar Krembs, der letzte Jagdleiter Kronprinz Rupprechts, erzählte dem Autor noch eine andere Version des zur Entstehungsgeschichte oben erwähnten Spruches: »Hohenadel, Sollacher, Krembs, wenns Zamperln brauchts, dann kemmts!«

Dr. Krembs rekonstruiert aus seiner Erinnerung: »Große Hirschjagd im Berchtesgadener Land, der Regent kommt durch die Ramsau nach Hintersee und dort empfängt ihn das ganze Forst- und Jagdpersonal – man kann ruhig sagen ›herzlich und freudestrahlend‹. Das kann gar nicht anders sein, denn dieser königliche Jagdherr strahlt Herzenswärme neben seiner Liebe zum Waidwerk aus. Für jeden, ob Forstmeister, Förster oder Treiber hat der Regent bei der Begrüßung ein gutes wort und ohne Unterschied des Standes eine großartige Brasilzigarre, die damals den sagenhaften Preis von 60 Pfennigen kostete. Bevor man aufbricht zum Berg für den ersten Trieb, läßt der Regent seine drei Schweißjäger zu sich kommen und schickt seinen Kutscher zum Jagdwagen. Der bringt drei kleine Körbe uns aus jedem entnimmt der Regent ganz geheimnisvoll je eine roten Kurzhaardackelwelpen, mit den Worten: ›Meine Förster, ich hätt eine Bitt. Tuts mir die Hundl gut halten. Ihr sollts wissen: es sind Wittelsbacher Prinzen und Prinzessinnen auf der Seelenwanderung‹. Einer der drei beschenkten Förster war mein Vater Ludwig Krembs. Es war halt früher so: Ein Regentenwunsch verpflichtete, solang man ihn irgendwie noch erfüllen konnte. Zuerst noch in den Berchtsgadener Bergen und dann von 1906–1951 in Garmisch hat mein Vater, auch der Kreuzeck-

Das Jagdschloß Luitpoldhöhe im Spessart

Förster genannt, seine Dackel auf der Jagd geführt«.

Mitte November, wenn der Schnee immer tiefer in die Täler reicht, nahmen die Bergjagden ihr Ende, und der Regent kehrte zum Leidwesen der Berchtesgadener wieder nach München zurück, verstärkt seinen Amtsgeschäften nachzukommen, von denen ihm dann in den Revieren um München die Jagd auf Niederwald ein wenig Erholung bot.

Im Spessart, dem größten zusammenhängenden Forstkomplex des waldreichen Königreiches Bayern, hatte der Prinzregent nach Abschied von Oberstallmeister Graf Holnstein seinen langjährigen Adujutanten, den Freiherrn und späteren Grafen Wolfskeel, eingesetzt. Während der 22jährigen Regierung König Ludwigs II. der wenig Interesse für das Waidwerk hegte, waren dort arge Mißstände eingerissen. Konsequent und energisch wurde von Wolfskeel auch das Leibgehege Spessart neu organisiert.

Der größte Teil der Forstämter Rohrbrunn, Bischbrunn und Altenbuch wurde eingeparkt, um die angrenzenden Felder vor Wildschaden zu bewahren. Rund 5 000 Hektar groß war der Saupark, ein Staatswald, der auf Regie bejagt wurde. Die enormen Kosten für die Fütterung der Wildschweine und die Treiberkosten kamen aus der Privatkasse des Regenten, der volle fünfzig Jahre stets gegen Ende November in den Spessart zur Saujagd reiste. Bei seinem letzten Aufenthalt im Jahr 1911 stiftete er 25 000 ,– Mark für arme Schulkinder in den Spessartdörfern. Die Jagdstrecke, die man dem Jäger im Patiarchenalter von den Trieben zwischen dem 25. November und dem 2. Dezember meldete, betrug 432 Wildsschweine. Davon waren 133 vom Prinzregenten selbst erlegt.

Dem Tierfreund und Naturschützer sei an dieser Stelle gesagt, daß der hohe Wildbestand an Sauen, wie er damals durch das Einzäunen des Wildparks und durch das Füttern möglich war, eine ausgezeichneten Nutzen für die Bewirtschaftung des Waldes mit sich brachte. Die Wildschweine lockerten den Waldboden auf und sorgten so für die natürliche Verjügung der Eichenbestände im Spessart.

In der ersten Dezemberwoche endeten die Jagden im Spessart, und der Regent kehrte mit seinem Leibjäger Skell – dem Sohn des bekannten Malers aus Tölz – nach München zurück. Die Umgebung der Landeshauptstadt bot aber auch noch zu Anfang des Winters Gelegenheit genug zum Weidwerk. In den großen Wildparks des Grünwalder Forstes und des Forstenrieder Parkes jagte man auf Sau und Hirsch, und im Nordwesten der Stadt lärmten Treibjagden auf Fasanen und Hasen.

Die Strecken waren, je nach der Strenge der Witterung in der Setz- und Legezeit, sehr verschieden. Es kam vor, daß bei einer einzigen Streifjagd sieben Herren 1 210 Hasen zum »Roulieren« brachten, und es trug sich auch zu (1901), daß der Regent nur ein einziges Mal zum Schuß auf einen Hasen kam.

Das Wildbret auf den Tischen der Münchener stammte damals zum größten Teil von Hofjagden, deren Strecke im königlichen Zerwirkgewölbe (sprich »Zwürchg'wölb«) zum Verkauf geboten wurden. Auch der Dienstmann und Trambahnschaffner konnten sich also zuweilen rühmen, sie hätten ihren Sonntagsbraten vom Prinzregenten selber schießen lassen.

Auch die Söhne Luitpolds waren begeisterte Jäger. Besonders zu den Saujagden im Spessart durften sie den Vater begleiten. Prinz Leopold schreibt in seinen Jagderinnerungen:

»Von der ersten Hälfte der sechziger Jahre des vorigen Jahrhunderts bis zum Jahre 1911, dem Jahre vor seinem Ableben, besuchte mein Vater fast alljährlich auf vierzehn Tage diese Reviere in den Monaten November oder Dezember, um auf Sauen zu jagen und lud stets meinen älteren Bruder ein, sowie meist noch zwei nähere Bekannte; auch ich durfte ihn so ziemlich alle zwei Jahre begleiten.

Die Aufmachung war äußerst einfach. Von Aschaffenburg fuhr man in einer offenen Brackeauf der großen Chaussee gegen Markt Heidenfeld mit einem Lohnkutscher, der infolge der meist unbedeutenden Steigung einen großen Teil des Weges seine Pferde nur Schritt gehen ließ, so daß man oft erst bei sinkender Nacht in Rohbrunn ankam. Mein Vater mit einem seiner Herren und mein Bruder stiegen in dem Dienstgebäude des Oberförsters ab in ziemlich beschränkten Räumen; ich fand Unterkunft beim Förster im Thorhaus Diana, wohl eine Viertelstunde weit entfernt. Zwischen beiden Häusern lag das aus Hauffs Dichtungen wohlbekannte Wirtshaus im Spessart, wohin allabendlich mein Vater uns mit einigen Forstbeamten zu dem einfachen, nicht besonders zubereiteten Mahle der Wirtsküche einlud. Man verblieb dann auch den Abend dort. Danach mußte ich auf der einsamen Chaussee bei Dunkelheit nach Diana zurückmarschieren, was bei Regen und Schneegestöber mitunter seine Schattenseiten hatte.

In dem gleichen, wenig bequemen Fuhrwerk, in dem wir von Aschaffenburg gekommen, wurde stets morgens auf die Jagd gefahren; wenn genügend Schnee lag, wurde ein Schlitten benutzt. Auf dem oft weit entfernten Rendezvous erwartete meinen Vater das Forst- und Jagdpersonal, sowie die Treiber, meist Waldarbeiter aus einer der benachbarten Ortschaften, brave Leute, die in ihren abgenützten Anzügen einen recht ärmlichen Eindruck machten, aber doch fröhlich und zufrieden schienen. Vom Treffpunkte weg ging es zu Fuß den ganzen Tag ununterbrochen von einem Triebe zum anderen, bergauf, bergab, auf manchmal nicht ganz unbeschwerlichem Wege. Da niemand außer meinem Vater einen Büchsenspanner hatte, trug jeder seine Patronen und sein Frühstück im Rucksack, das man in gegebenen Augenblick für sich allein verzehrte.

Die einzelnen Triebe dauerten je nach dem Gelände, das sehr abwechslungsreich war, länger oder kürzer. Es wurde stets laut getrieben, da die Sau bei gutem Wind leicht vorwärts zu treiben ist und meist den Wechsel hält. Nur in richtige Fichtendickungen stecken sie sich gerne, und sind dann oft schwer an den Schützen zu bringen.«

Prinz Arnulf, der jüngste Sohn des Regenten, war wie Prinz Leopold Berufsoffizier und viel gereist. Das Tagebuch seiner letzten Jagdexpedition in den Tien-Schan hat seine Schwester Therese postum veröffentlicht.
Der älteste Sohn Prinz Luitpolds, König Ludwig III., widmete sich der Politik und der Landwirtschaft. Als Greis von 68 Jahren übernimmt er die Regentschaft in Bayern. Seine Regierung ist überschattet vom ersten Weltkrieg und der Revolution in München. Am Abend des 7. November 1918 verläßt er seine Residenz und klopft – auf der Flucht nach Schloß Anif – in der nächsten Nacht am Jagdhaus Hintersee in der Ramsau. Förster Hans Sollacher – schon ein treuer Jäger Prinzregent Luitpolds – öffnet die Türe und beherbergt den hohen Gast. Das Erinnerungsgeschenk des

Unterschrift König Ludwigs II. von Bayern

Königs an seinen Jäger war die Trophäe eines Gamsbocks, den er am 30. 9. 1916 in den Halsgruben (Hintersee) geschossen hatte.
Am 18. Oktober 1921 verschied der letzte König Bayerns auf seinen Gütern im ungarischen Sarvar, wohin er zur Jagd gefahren war. Eine Gedenktafel im Forstenrieder Park kennzeichnet die Stelle, an der er am 7. Oktober 1918, begleitet von seinem Jäger Hubert Krembs, den letzten »Königshirsch« in Bayern erlegte. Ein Ausschnitt aus einem Aufsatz des genannten Jagdbegleiters des Königs in Nr. 18/1926 der »Bayerischen Forst- und Jagdzeitung« schildert diese letzte Pirsch:

»Weiland Seine Majestät König Ludwig III. jagte zirka 45 Jahre im Forstenrieder Park, der von seinem Landsitz Leutstetten in etwa 3/4 Stunden mit Fuhrwerk erreichbar war. In dieser Zeit hat er durchnschnittlich 20 – 25 Hirsche im Jahr gestreckt, also rund 1 000 Hirsche.
Im Jahr 1918 war sein Abschuß bis auf 2 Stück von 25 erfüllt. Am 7. Oktober 1918 war ich von S. M. bis um 3 Uhr zum Treffpunkt Holzhakkerhaus (ungefähr in der Mitte des Parkes an der Starnberger Landstrasse gelegen) bestellt. Punkt 3 Uhr erschien das Auto. Nach kurzer Begrüßung stieg ich ein und es wurde zu dem in Aussicht genommenen Platz, Ecke Hompesch/Karolinen-Geräumt gefahren und dort ein auf einer Buche angebrachter Hochstand bezogen. S. M. war über die politische Lage sehr bedrückt und hat, was er sonst nie getan hat, in beredten Worten seinen Gefühlen Ausdruck verliehen. Allmählich verschwand die Sonne, die ersten Abendschatten senkten sich hernieder und am gegenüberliegenden Hochwald meldete ein Hirsch mit guter Stimme. Nicht lange ließ er auf sich warten und auf dem Plan erschien ein mächtiger 12er-Hirsch. Mit erhobenem Haupte, dann und wann einen Schrei von sich gebend, zog der Hirsch näher; in Schußweite angekommen, erhielt er die Kugel auf das Blatt, um nach einigen Fluchten verendet zusammenzubrechen. Dieses Hirschgeweih habe ich mir später von S. M. erbeten und es wurde mir auch als Erinnerung überlassen.
Nachdem es noch früh an der Zeit war, wechselten wir den Hochsitz; um 3/4 5 Uhr kam von einer anderen Waldseite ein guter jagdbarer 10er-Hirsch. S. M. fragte, ob er schießen solle, und nachdem ich dies bejahte, gab S. M. den Schuß ab. Der Hirsch zeichnete und zog den Rücken auf, also Waidwundschuß. Der Hirsch blieb stehen und bekam noch eine Kugel; M. S. mußte noch dreimal schießen, bis der Hirsch auf die Decke gelegt war. Es war sehr weit, und

als wir hinkamen, war der Hirsch bereits verendet. Er hatte drei Kugeln erhalten, zwei gingen fehl.
Nachdem die Grandeln ausgebrochen, ging S. M. zirka 1/2 Stunde zu Fuß zum Auto, und aus einem Gespräch entnahm ich damals. daß die Lage sehr brenzlich sein müsse. Ich wollte S. M. zureden, noch 1 bis 2 geringere Hirsche abzuschießen; aber nachdem der Etat erfüllt sei, sagte er mir, müsse er sich erst die Erlaubnis einholen, ob es noch jagdlich zulässig sei, diese abzuschießen. Seine Majestät kam nicht mehr. Die Ereignisse des Herbstes 1918 nahmen ihren bekannten Verlauf. Der Zehner von Forstenried blieb der letzte Königshirsch in Bayern.«
Das Marterl für den letzten bayerischen Königshirsch stellt gleichsam ein Symbol für das Ende einer uralten Jagdtradition in Bayern dar, die der Mensch des Atomzeitalters – in einer durch Umweltzerstörung und Gift geschädigten Landschaft – nur schwer verstehen kann. Die Jagd und die damit verbundene Hege, aber auch die Gedanken des Naturschutzes lassen sich nur begreifen, wenn man die geistigen und ethischen Wurzeln kennt, die tief in die Vergangenheit reichen!

Diese kleine Geschichte der bayerischen Hofjagd, geprägt durch die Wittelsbacher, begann mit den Herzögen von Bayern und soll hier mit dem liebenswerten Senior des Hauses Bayern, S. K. H. Herzog Albrecht ihren Abschluß finden.
Es sei dem Autor erlaubt, in diesem Abschnitt stellvertretend für viele bayerische Künstler und vor allem stellvertretend für den Zeitgeist der Epoche einige Jäger-Persönlichkeiten hervorzuheben. Für Herzog Albrecht – am Anfang dieses Jahrhunderts geboren – waren sie alle noch Zeitgenossen, er selbst steht aber gerade durch seine Forschungsarbeit auf dem Gebiet der Jagd bereits stellvertretend für eine neue Generation: Wildbiologie und Umweltbewußtsein bilden jetzt die Voraussetzungen für eine zeitgemäße Jagd in Bayern.
Der Vater Herzog Albrechts, Kronprinz Rupprecht, war ein echter Wittelsbacher, er war Kenner und Liebhaber der Kunst, aber auch weidgerechter Jäger. Die Stiftung der Nischenfiguren für den Hubertusbrunnen durch den Kronprinzen ermöglichte es Adolf von Hildebrand, seinen 1905 begonnen Jagdtempel, der vor dem Nationalmuseum stand, zu vollenden. Im Jahre 1937 wurde der Brunnen abgetragen und 1954 an seinen jetzigen Standort, am Ende des Nymphenburger Kanals, wieder aufgebaut. Kronprinz Rupprecht legte den Grundstein: »Zum ruhmvollen Gedächtnis seines Schöpfers Adolf von Hildebrand, zum Gedenken an meinen Großvater Prinzregent Luitpold, dem er gewidmet, und zum Ruhm der Stadt München«.

Unterschrift des Kronprinzen Rupprecht von Bayern

Professor Adolf von Hildebrand, einer der bedeutendsten Bildhauer Münchens schuf auch des Denkmal für den Dichter Anton Freiherr von Perfall am Spitzingsee, unweit der Wurzhütte. Der schlichte Denkstein mit dem Medaillonsbild wurde am 2. November 1913 eingeweiht, am ersten Todestag des leidenschaftlichen Weidmannes, in dessen Werken fast immer die Jagd Hintergrund der Handlung war. Kernige Jägergestalten, verwegene Wildschützen sind die Helden seiner Geschichten, die vorwiegend im Hochgebirge spielen, dessen Schönheit und Majestät er nie genug preisen und bewundern konnte.
Bei der Enthüllung seines von Gönnern und

Freunden gestifteten Gedenksteines trat auch, wie der »Deutsche Jäger« 1913 schreibt, »Ludwig Thoma an das Denkmal und feierte schlicht und herzlich des toten Jägers und Dichters Andenken«. Das Foto zu dem Aufsatz zeigt den kraftvollen und zugleich sensiblen bayerischen Schriftsteller bei seiner Ansprache am Perfall-Denkmal.

Ludwig Thoma – geboren am 21. Januar 1867 – wuchs als »Sohn, Enkel und Urenkel schwerer Altbayern und Pfeife rauchender Jäger« zunächst im Forsthaus Vorderriß auf, inmitten der bayerischen Berge zwischen Lenggries und Mittenwald. Sein Urgroßvater, der Oberforstrat Joseph Ritter von Thoma, hatte über dreißig Jahre das Amt des Chefs der bayerischen Staatsforstverwaltung bekleidet und jene Berufstradition begründet, die auch Ludwig Thoma fortzuführen gedachte. Dieser besuchte zwar auch die Forstakademie in Aschaffenburg, wandte sich aber gut ein Jahr später der Rechtswissenschaft zu. 1894 eröffnete er in Dachau eine Anwaltskanzlei und führte ein beschauliches Leben mit viel Jagd und Fischerei.

Bald jedoch erkannte Thoma in der Schriftstellerei seine eigentliche Berufung und wurde Mitarbeiter der satirischen Zeitschrift »Simplicissimus«. Als Redakteur standen ihm jetzt auch die finanziellen Mittel zur Verfügung, Jagden zu pachten, und als sich dann noch sein Verleger beteiligte, standen ihm schließlich an die 5 600 Hektar Jagdfläche zur Verfügung.

»Tag für Tag Pirsch und Anstand ... Wenn die Jägerei nicht gar so schön wär, möchte ich gleich heimfahren. Aber wenn man die Böcke sieht, ist man ganz närrisch drauf, einen zu kriegen«, schrieb er am 30. Juli 1907 an seine Frau Marion, und er unterzeichnete seinen Brief als «Jagerlucke«.

Um 1900 kam Thoma an den schon damals als Sommerfrische beliebten Tegernsee, um dort zu schreiben. Im April 1908 zog er dann bereits in sein eigenes »Häusl«, und wenig später pachtete er die Tegernseer Gemeindejagd samt dem Staatsjagddistrikt Alpbach, insgesamt 1400 Hektar. In dieser Zeit freundete er sich mit seinem Schriftstellerkollegen und Weidgenossen Ludwig Ganghofer an, der bei Ehrwald in Tirol unweit der Zugspitze eine große Hochwildjagd hatte. Dorthin wurde Thoma eingeladen, und er schrieb am 27. August 1903: »Gestern schoß ich einen Mordshirsch. 204 Pfund schwer! Habe eine solche Freude, daß ich mir fast vorkomme wie ein glücklicher Bräutigam. Und mir ist die schöne Kinderzeit in der Vorderriß wieder lebendig geworden, als ich den Prachtkerl im Bergwald liegen sah«.

Ludwig Ganghofer zählte neben Perfall und Achleitner – von ihm stammen viele Schilderungen aus Hofjagdrevieren – zu der bayerischen Trias, die bei Prinzregent Luitpold in besonderer Gunst stand. Der Dichter Dr. Ludwig Ganghofer wurde als Sohn des Forstmeisters August Ganghofer am 7. Juli 1855 in Kaufbeuren geboren. Zuerst wandte er sich dem Gebiet der Technik, dann aber literarischen Studien zu, die mit der Promotion in Leipzig ihren Abschluß fanden. Mit dem »Herrgottschnitzer von Oberammergau« kam Ganghofer als Dramaturg an das Wiener Ringtheater. Der Brand des Theaters setzte seiner dortigen Tätigkeit ein Ende, er verließ Wien und widmete sich neben der Jagd jener fruchtbaren schriftstellerischen Tätigkeit, die ihn volkstümlich machte. Seine Geschichten und Romane aus dem Oberland wie »Der Klosterjäger«, »Schloß Hubertus«, »Der Jäger von Fall« und viele andere mehr, waren zeitweilig als Trivialliteratur verkannt, genießen aber inzwischen wieder zunehmende Wertschätzung. Bis zum heutigen Tag haben sie unzählige Neuauflagen erfahren.

Dem Weidwerk war der beliebte Dichter, dem selbst der deutsche Kaiser bei einem Empfang im Münchner »Künstlerhaus« durch ein langes persönliches Gespräch großes Wohlwollen erwies, immer treu ergeben. In einem Nachruf anläßlich seines Todes am 24. Juli 1920 war in der bayerischen Jagdzeitung »Der Deutsche Jäger« zu lesen: »... seinen ersten Gams trug er,

Ludwig Ganghofer beim Zitherspiel. Zeichnung aus dem Jagdbuch von Hugo Engl

im November in der harben Wichs einherstolzierend, selber auf dem Buckel vom Münchner Hauptbahnhof ins Elternhaus«.
Herzog Albrecht, am 3. Mai 1905 in München als zweiter Sohn des Kronprinzen Rupprecht geboren, studierte Forstwirtschaft und ist ein ausgezeichneter Kenner der Tier- und Pflanzenwelt. Obwohl ein Schütze höchsten Könnnens, rührt er kaum noch eine Büchse an, ist jedoch für eine gute Niederwildjagd durchaus zu haben. Dem bayerischen Weidwerk traditionsgemäß leidenschaftlich verbunden, widmet er sich vor allem in seinem wunderschönen steirischen Gebirgsrevier überwiegend der Rehwildforschung.

Als Autor seines Buches über das Rehwild, das durch die hervorragenden Fotos seiner Gemahlin Jenke von Bayern illustriert ist, hat er den Mut, eindeutige Aussagen zu so mancher heiklen wildbiologischen Frage zu machen. Die erfaßten und ausgewerteten Daten von inzwischen auf 1400 Stück – darunter 250 Serien – angewachsenen Abwurfstangen und der fast 400 Schädel von Geißen könnten die tiefeingewurzelten Vorstellungen so mancher Jäger aus den Angeln heben. Die Herzogin von Bayern – sie ist bei einer Fahrt im Revier am 5. Oktober 1983 tödlich verunglückt – hat durch ihre einmaligen Fotoserien Hunderte von Rehportraits geschaffen, die in sehr eindrucksvoller Weise die Forschungsarbeit ihres Gatten unterstreichen.

So verbinden sich in der Person des Familienoberhaupts der Wittelsbacher die Elemente sowohl der traditionellen als auch der modernen Jagd.

Echte jagdliche Tradition bedeutet nach Herzog Albrecht vor allem – im weidmännischen Sinn – anständige Gesinnung verbunden mit jagdlicher Erziehung, möglichst von klein auf, dazu fachliches – man möchte fast sagen – »handwerkliches« Können. Hinzu tritt die ernsthafte Auseinandersetzung mit der modernen Wissenschaft, der sich die Jägerschaft zu stellen haben wird. Die Zukunft der Jagd in Bayern wird nicht zuletzt davon abhängen, daß es gelingt, diesen beiden Forschungen gleichermaßen gerecht zu werden.

Die Beizjagd, eine beliebte Jagdtechnik über Jahrtausende

»Gott hat dir zwei Hände gegeben, wo sind sie? Die eine hält den Zaum des Pferdes, die andere trägt den Habicht«, schreibt der italienische Dichter und Gelehrte Petrarca (1304 – 1374).
Es gibt keine andere Jagdart, die Jahrtausende hindurch in gleicher Blüte gestanden hätte, wie die Jagd mit dem Beizvogel. Sogar die Jagd auf den Hirsch trat zeitweise an Bedeutung hinter diese zurück. Kaiser und Könige, Päpste und geistliche Herren hielten die Jagd mit dem Falken, Habicht, Sperber oder Merlin für das edelste und mannhafteste Vergnügen. Mit Vogelhund und Falken ließen sich die Fürsten gerne abbilden, und die geistlichen Herren hatten häufig sogar das Privileg, ihren Vogel am Altar abzusetzen, während sie die Messe lasen.
Mit größter Wahrscheinlichkeit wird man die Anfänge der Falknerei in Mittelasien zu suchen haben, bei jenen Nomaden- und Jägervölkern, welche die weiten Steppen bewohnten. Hier hatte das Wild freie Umschau, und für den

Titelvignette der Falknereizeitschrift »Deutscher Falknerorden«, 1938

berittenen Jäger war es schwer, sich noch auf Reichweite der noch schlechten Schußwaffen zu nähern. Er sann auf andere Hilfsmittel, und vielleicht kam ihm, als seine guten Hunde die schnelle Antilope überholten und niederrissen, der Gedanke, auch den pfeilschnellen Falken dienstbar zu machen.
Acht Jahrhunderte vor Christi Geburt zeigt bereits ein Relief der Hethiter einen Mann, der einen Falken auf der Faust trägt, und eine der ersten schriftlichen Überlieferungen über diese Jagdart stammt von Ktesias, einem Griechen, der 400 v. Chr. am persischen Hofe lebte. Der Leibarzt Artaxerxes II. war weit nach Osten gekommen und schilderte, daß man die ausgehorsteten jungen Greifvögel zuerst am zahmen Wild einübte. Dabei band man gefangenen Hasen und Füchsen Fleischstücke auf den Rücken, die als Belohnung für die Falken gedacht waren. (vgl. Lindner, »Beiträge zum Vogelfang und Falknerei im Altertum«).
Dem griechisch-römischen Kulturkreis war die Beizjagd fremd und sie fand als Jagdform bei den Mittelmeervölkern erst im Zuge des politischen Umbruchs im fünften nachchristlichen Jahrhundert Eingang. Den Kelten und Germanen hingegen war die Falknerei schon bekannt, und sie stand in hoher Blüte. So gab es in den germanischen Stammesrechten Bestimmungen, die das Aushorsten von Nestlingen für die Beizjagd geeigneter Greife untersagte, beziehungsweise unter Strafe stellte.
Sehr hart sind die Strafen für Vergehen an Beizvögeln: Nach der Lex Baiuvariorum muß, wer einen »chranoch-ari« (Kranich-Aar) entwen-

»Aucupium«. Allegorie der Beizjagd. Deckengemälde auf Leinwand des Bayerischen Hofmalers Peter Candid um 1613.

Falkonier, den Falken abhaubend. Als Malgrund für dieses Ölgemälde diente ein Kupferstich von Martin Elias Ridinger, den dieser nach Entwürfen seines Vaters Johann Elias Ridinger herstellte.

Der Falkonier nimmt den Falken wieder auf. Auch hier diente ein Kupferstich aus der gleichen Serie »Jäger und Falkoniers mit ihren Verrichtungen« von Johann Elias Ridinger als Malgrund.

Falkenjunge mit zwölf Gerfalken auf der Lage. Ölgemälde von Christoph Anton Hirsch, dem Kammermaler des Markgrafen Carl Wilhelm Friedrich von Brandenburg-Ansbach, 1752. Kreis- und Stadtmuseum Ansbach.

det, sechs Solidi zahlen, für einen »gangshapuch« (Gänsehabicht) drei Solidi, für einen »anot-hapuch« (Entenhabicht) und für einen Sperber einen Solidus. In allen Fällen muß der Vogel außerdem durch einen gleichwertigen ersetzt werden.

Im Schwabenspiegel heißt es gar: »Unde get an zu wald unde stilt valken oder ander vederspil ab dem neste: man sol dem herre drin phundt ertheilen oder die handt zur buoze nemen«.

Die Beizjagd erfuhr eine neue Blütezeit in ganz Europa durch die Begegnung mit der arabischen Welt während der Kreuzzüge. In der ersten Hälfte des 13. Jahrhunderts entstand die Monographie Kaiser Friedrichs II. »De arte venandi cum avibus« (Über die Kunst mit Vögeln zu jagen). Dieses großartige Werk, das sich entgegen des damaligen Brauches – einfach abzuschreiben – ausschließlich auf persönliche Erfahrungen und Beobachtungen stützte, blieb leider ohne jeglichen Einfluß auf die nachfolgende Zeit.

Für Bayern finden sich im Jägerbuch (1418) Herzog Ludwigs des Bärtigen wertvolle Hinweise auf die Falknerei. Dieser Herzog von Bayern-Ingolstadt (1368–1447) war ja der Bruder der französischen Königin Isabeau de Bavière und hat sicher bei seinem langen Aufenthalt am Hof des Königs von Frankreich die dortige

Der Kaiser (Friedrich II.) erteilt den Hofleuten Unterricht in der Falknerei. Nach einer Miniatur des 14. Jahrhunderts

Falkner beim Abrichten ihrer Vögel. Nach einer Miniatur des 14. Jahrhunderts

Beizjagd kennengelernt. Wie man an den Höfen der französischen Könige des Mittelalters die größte Prachtentfaltung kannte, so ist auch nachgewiesen, daß in Frankreich, mehr als in allen anderen Ländern Europas, die Falknerei mit dem größten Glanz und Aufwand betrieben wurde. Welche Bedeutung man den Personen beilegte, die der Falknerei jener Herrscher vorstanden, ergibt sich daraus, daß man den Titel eines »Falkenmeisters des Königs« später zum »Großfalkonier von Frankreich« umwandelte.

Herzog Ludwig VII., der sich 1402 mit Anna von Bourbon vermählte, regierte und verwaltete sein Teilherzogtum bald nach französischem Muster. Da sich auch der Adel französisch kleidete und sogar Ingolstädter Häuser nach dem Geschmack der Seinestadt gebaut und eingerichtet wurden, darf man annehmen, daß auch die Beizjagd entsprechend aufwendig ausgeübt wurde. Wie der Text für die Bestallung des Jägermeisters und Verordnung über »Nachtselden und Jägergeld« im Jahre 1418 zeigt,

gehörten auch die Falkner zu dem Personenkreis, der das Recht der Nachtselden in den Klöstern in Anspruch nehmen konnte:
»Wir Ludwig, von gotes genaden pfallenczgrave bey Rein, herczog in Bayren und grave zu Mortani etc. bekennen offenlich mit dem brief: als uns unser jägermaister, jäger, valcknär und ander unsr waydlewt gebetten und an uns begert haben, in unser brief zu geben, daz sy ir nachtseld nemmen und suchen mügen auf allen werltleichen güeteren der klöster, auf den widenmen und pfarrern und auf allen unseren vogtpáren güttern in unsern lannden, als dann von alter herkómen ist, darinn habe wir wolbedachtigkleichen und umb des pessten willen bedacht, daz sollich brief in gemayner form soleichen weltleichen klöster güeteren, pfarren, widenmen und andern vogtpárn güeteren zu schwär und grösseren schaden bringen möcht, wann sy auf sölich unser brief ain gút von neydes wegen für das ander beschweren möchten, und daz zu furkómen, haben wir an die, die dann nachtseld schuldig sind zugeben, bringen lassen, ob in lieber sey, unseren jageren unser brief zugeben, oder ob sy für ain gancze nachtseld zehen schilling pfennig oder so vil gelts, als dann auf ain yegleich gút, daz nicht ain gancze nachtseld vermag, geseczt ist, geben wellen, das uns auch der merer tail sollich gelt den jageren zú geben zú gesagt habend.«
In dem Jägerbuch von 1418 sind dann noch die Kosten aufgeführt: »Nota was man dreyn valknéren und sechs knechten ain jar fur sold und 27 wochen für kost haben muś.«
In der Erklärung des herzoglichen Jägermeisters Thomas Hinderkircher aus dem gleichen Jahr 1418 wird ebenfalls die Falknerei angesprochen: »Darnach so sol ich haben drey valckner zu roß und der Yegleicher sol haben zwien knecht zu fussen und yegleicher sechs valcken und vogell, der wirt (deren werden) also achtczehen stück deren vederspils. Auch sol ich haben ainen plabfuessär (Falkner, der mit dem Blaufuß – der Sakerfalke hat als Jungvogel blaue Füße – jagt) zu roß und ainen knecht zu fussen, der sol haben vier vogel und sechs vogelhund und einen winde (Windhund). Ich sol auch haben ainen habicher zu roß, der sol haben ainen winde und einen habich (Habicht).
Die Beizjagd bildete bis zur ersten Hälfte des 18. Jahrhunderts einen wesentlichen Bestandteil der Jagdtechnik aller mittel- und westeuropäischen Völker. Der jagdrechtlichen Entwicklung entsprechend waren ihre Träger nahezu ausschließlich der Adel und das von ihm unterhaltene Berufsfalknerkorps. Zu diesen höfischen Beizen, die im 17. und in der ersten Hälfte des 18. Jahrhunderts noch einmal zu höchster Blüte kamen, wurden vor allem Falken, daneben aber auch Habicht, Sperber und Merlin verwendet. Man zog entweder Nestlinge auf oder machte Wildfänge mittels Köder. Ausgebildet wurden meist Weibchen für die Jagd im hohen und im niederen Flug, da diese gewöhnlich größer und ausdauernder als die Männchen sind. Im hohen Flug beizte man vor allem auf Reiher und größere Vögel, im niederen Flug erbeutete man dagegen Rebhühner, Fasane und Hasen. Stöberhunde stießen das Wild hoch, und nachdem der Falkner den Beizvogel »abgehaubt« (die Haube abnehmen) hatte, warf er ihn in die Luft. Die Angriffstaktik der einzelnen Beizvögel ist verschieden. So kann man grundsätzlich die der Falken und der Habichte unterscheiden. Die ersteren fangen ihre Beute, indem sie auf diese herunterstoßen; sie müssen deshalb zunächst bis zu einer gewissen Höhe aufsteigen. Die Habichte dagegen fangen ihre Beute durch Verfolgung, das heißt, sie befinden sich mit dieser in gleicher Höhe und erreichen sie durch die Schnelligkeit ihres Fluges. Die Jäger mußten bei dieser Jagdart beritten sein, um schnell an die Stelle zu kommen, an der der Greif mit seiner Beute

landete, damit er keine Zeit hatte, sie zu »kröpfen« und sich damit für die weitere Jagd untauglich zu machen. Der wesentliche Antrieb für die Jagd und vor allem das »locke machen«, das heißt Zähmen des Beizvogels und ihm das »Beireiten« auf die Faust oder auf das Federspiel zu lernen, ist der Hunger. Unter guter »Form« versteht der Falkner die richtige Kondition seines Vogels; er soll wohl hungrig und dadurch beutelustig, gleichzeitig aber auch so kräftig sein, daß er erfolgreich jagen zu kann.
Als besonders interessant galt die Beize auf den Milan. Man bediente sich dabei meist des großen Isländischen Falken, auch Polarfalke genannt, und eines Uhus. Die Jagdgesellschaft begab sich zu Pferde in das vom Milan bewohnte Gelände, und die Hunde hatten die Aufgabe, diesen aufzustöbern. Sobald sich der Milan in die Lüfte erhoben hatte, ließ man einen zahmen Uhu frei, an dessen Ständern (Füßen) eine Fuchslunte befestigt war. Diese hatte den Zweck, dem Uhu das »Verstoßen" (Entfliegen) zu erschweren; angeblich soll damit auch sein Aussehen grotesker gestaltet werden. Der Milan stieß, sobald er den verhaßten Vogel entdeckt hatte, auf diesen, und während er ihn verfolgte, warfen die Falkner in einem günstigen Augenblick zwei Falken ab. Natürlich versuchte der Milan sofort, in Spiralen Höhe zu gewinnen. Es entstand nun ein Kampf zwischen den Falken und dem äußerst gewandten Milan, der es mitunter lange Zeit verstand, seine Verfolger am entscheidenden Stoß zu hindern.
Wie hoch die Falknerei bei den Regenten Bayerns in Ansehen stand, zeigt auch eines der sechs auf Leinwand ausgeführten Deckengemälde, die der Münchner Hofmaler Peter Candid um 1613 für die am Brunnenhof der Residenz im ersten Obergeschoß gelegenen Räume schuf. Diese Allegorie des Vogelfangs (Aucupium) hatte, wie geschildert, Kurfürst Maximilian I. in Auftrag gegeben, der ja gerade diese fürstliche Jagdart besonders pflegte. Auf einem Erdhügel steht eine Frau, die auf der handschuhbewehrten Linken einen Jagdfalken mit einem Falkenhäubchen trägt. Dieser ist am Geschühriemen befestigt, der zusammengelegt in der Hand gehalten wird. Das Haupt der allegorischen Figur ziert ein Gesteck aus Reiherfedern und prächtiger Schmuckagraffe. Im Hintergrund steht ein Falkner, der gerade einen Jagdvogel füttert; dessen Häubchen hält er im Mund. An seinem Gürtel hängt die der Aufnahme von Futter dienende Falknertasche, auf dem Kopf trägt er einen breitkrempigen Hut, ebenfalls mit einem Gesteck aus Reiherfedern.
Kobell berichtet, wie die Jäger zu den begehrten Reihenfedern-Krandln (Krönchen) kamen, ohne den so sehr gehegten Vogel zu erlegen: »... ich habe aber nichts Näheres darüber aufgezeichnet finden können und will nur anführen, was mir ein Jäger als von seinem Vater überliefert erzählte. Er sagte, daß in der Paarzeit (April und Mai), wo die Krandln am schönsten sind, von den Jägern unter die Horstbäume gabelförmige Reiser gelegt werden, wie sie die Reiher zum Bau der Horste lieben. An diese waren Schlingen angebracht und fingen sich so die Reiher; die wachhabenden Jäger eilten dann herbei, rupften ihnen die Krandln aus und ließen sie wieder frei«.
Die bayerische Gejaidsordnung von 1616 unter Herzog Maximilian verbietet ja das Schießen der Reiher, außer wo sie in Fischwassern großen Schaden verursachen, »weil Wir die uns zu unserm und anderer frembden ankommenden Fürstenperson lust und ergetzung vorbehalten haben«.
Es war bei den Reiherbeizen an den Höfen beliebt, einen Reiher, den man lebendig bekam, wieder in die Freiheit zu entlassen, nachdem man ihm einen silbernen Ring mit dem Namen des regierenden Herrn am Ständer befestigt hatte. Man fing unter Carl Albrecht einen

Radierung aus »Fürsten-Lust oder der Edlen Jagdbarkeit« von Johann Elias Ridinger, 1729

solchen Reiher mit dem Namen dessen Großvaters, des Kurfürsten Ferdinand Maria, so daß man das Alter dieses Vogels auf mehr als sechzig Jahre schätzen konnte.
Enorm war zu allen Zeiten der Aufwand, der um die Falknerei getrieben wurde. Marco Polo berichtete von einer Falkenbeize des Großkhans, an der 10 000 Falkner teilgenommen haben sollen. Sultan Bajazet I. ließ 1391 zu Ehren von gefangenen französischen Rittern eine Beizjagd arrangieren, an der 7 000 Falkoniere und 6 000 Hundeführer teilnahmen, (nach Norden, »Jagdbrevier«).
Aber auch an deutschen Höfen wurde die Falknerei in großem Stil betrieben. Neben den Landgrafen von Hessen sind es vor allem Kurfürst Clemens August (1700 – 1761), der Wittelsbacher auf dem erzbischöflichen Stuhl zu Köln, und Markgraf Carl Wilhelm Friedrich von Brandenburg-Ansbach, die große Falkenhöfe hielten. Clemens August, der Bruder Karl Albrechts, veranstaltete Reiherbeizen in der Rheinebene bei Brühl und Bonn, und das Jagdschlößchen Falkenlust bei Brühl gibt mit seinen Darstellungen Zeugnis von dieser Passion des Kirchenfürsten. Aus einem Inventar von

Falkenlust geht hervor, welches Jagdgerät 1760 zur Falkenjagd benutzt wurde:
»Ein von grünem Sammet mit Silber gestickter Weyd-Tasch mit blauen Silber gestickten Kuppel, und silbernenen Hacken sodann Silbernen Schnallen. Ein grün Sammeter mit silbernen Borden besetzter so genannter Luder (Federspiel zum Zurücklocken des Falken) zur Reygerbeitz mit silbergrün seidenen Schnur, und silbernenen Ring. Zwey Handschuhe, der Eine mit Silber gestrickt, der andere mit silbernen Borden besetzt. Zwey Falcken Kappen mit silberne Fleisch Dooß für die Falcken. Ein dito Waßer büchs.«
Bis an den Rand des Staatsbankrotts brachte Markgraf Carl Wilhelm Friedrich von Brandenburg-Ansbach (1712 – 1757) sein Fürstentum durch seine Liebe zur teuren »Fauconnerie«. Der Fürst hatte die größte Falknerei seiner Zeit im Reich unterhalten, in der mehr als fünfzig Falkner angestellt waren, und er beizte während seiner fünfundzwanzigjährigen Regierungszeit 34 429 Stück Wild.
Um die Mitte des 18. Jahrhunderts kam es dann aber zum fast völligen Erlöschen der Beizjagd, denn der Adel – Hauptträger dieser Jagdform – betrieb mit Eifer die nicht minder aufwendige französische Form der Parforcejagd. In Bayern verfiel die Falkenjagd erst unter dem Kurfürst Max III. Josef. Noch unter dessen Vorgänger war (1738) das Falkenmeisteramt besetzt mit einem Oberstfalkenmeister, einem Vize-Oberstfalkenmeister, einem gentilhomme de la Fauconnerie, einem Falkenamtsgegenschreiber, einem Reiher- und Milanmeister, neun Knechten, fünf Jungen, sieben Wind- und Wachthundjungen. Die Hofmark Falkenan (bei Giesing) hatte sich übrigens »aus der hier vorhin etablierten herzogl. Falknerei« gebildet (Riezler).
In England hielt sich die Beize in bescheidener Form bei der Gentry, der relativ breiten Schicht des niederen Landadels, und erst in der Mitte des 19. Jahrhunderts bildete sich in Holland eine Gesellschaft für Erneuerung und Pflege der Falkenjagd. In Deutschland kam die Beizjagd sogar erst durch die Gründung des Deutschen Falknerordens in Leipzig im Jahre 1923 wieder zu echter Volkstümlichkeit. Der 1895 geborene und 1979 verstorbene Düsseldorfer Kunstmaler und Altmeister der Falknerei Renz Waller hatte mit Gleichgesinnten eine Falknervereinigung ins Leben gerufen, der die Gründung dieses Falknerordens folgte. Mit der Schaffung des Falknerjagdscheins, der Anerkennung der Satzung des Falknerordens durch den Reichsjägermeister und nicht zuletzt durch die Errichtung eines Reichsfalkenhofes gab die anfangs sehr kleine Schar um Renz Waller Impulse für ganz Europa. Nachdem die Falknerei bis auf einige Einzelfälle praktisch erloschen und seitdem auf Teile Asiens und Nordafrikas beschränkt war, kam es jetzt zu einem weltweiten Wiederaufleben der Beize und, damit verbunden, zu neuem Interesse an der Erhaltung gefährdeter Greifvogelbestände.
Die wohl bedeutendste Leistung Renz Wallers war die 1942 erstmals auf der Welt gelungene Zucht des Wanderfalken. Aus dem weiblichen Vogel »Rittersporn« und dem männlichen Vogel »Tenno« schlüpfte am 1. 4. 1942 der erste Wanderfalke in Gefangenschaft. Damit hat Waller als erster die wissenschaftlichen Erkenntnisse auf dem Gebiet der Greifvogelkunde und des Greifvogelschutzes vertieft und ganz entscheidend dazu beigetragen, den kostbaren Greif in seiner Art zu erhalten.
Seine Verbundenheit zu seinen bayerischen Jagdfreunden stellte Renz Waller durch Leihgaben an das Deutsche Jagd- und Fischereimuseum in München unter Beweis. Ein Großteil seiner wertvollen Falknereisammlung bildet heute das Kernstück der entsprechenden Abteilung des Museums in der Münchner Fußgängerzone.

Das Wildschützentum in Bayern

Wo es Wild gibt, da wird gewildert! Der Bann, den die Kaiser und Landesherren auf die Wälder legten, schuf freilich erst das Verbrechen des Wildfrevels. Im Altertum galt ja das Recht des freien Tierfanges. Das war logisch und klar, denn das Wild war in niemandes Besitz, sondern mußte erst erbeutet werden.

Nach germanischer Auffassung beschränkte sich das Recht des Tierfanges auf den Grundeigentümer. Das änderte sich aber allmählich, als sich immer mehr Besitz in der Hand einzelner Markgenossen vereinigte, oder der Graf, ein großer Vasall oder gar der König Ländereien erwarb. Die Krone nahm die zwischen den Marken liegenden herrenlosen Gebiete in Besitz und zog alsbald das Jagdrecht nicht nur auf diesen und den bereits erworbenen Ländereien an sich, sondern legte auch auf den übrig gebliebenen Besitz der Markgenossen den königlichen Wildbann und verbot die Jagd bei Strafe.

Dadurch mehrten sich naturgemäß die ehedem recht seltenen Fälle der unbefugten Jagdausübung, gegen die folgerichtig immer schärfere Maßnahmen ergriffen wurden. An Stelle der Geldbußen traten schwere Strafen an Leib und Leben. So war der König nicht nur Herr über materielle Güter, sondern auch Inhaber von Privilegien. Die Jagd beanspruchte er als besonders kostbares Verfügungsrecht für sich, das er nach Belieben und gegen Dienstleistung vergeben konnte. Die Jagd zu gestatten, war Gnade und Geschenk – der Begriff »Gnadenjagd« stammt aus jener Zeit. Dabei ging es nicht in erster Linie um das Wildbret, sondern um die lustvolle Betätigung. Im edlen Wild – vor allem im Hirsch – sah der Edelmann eine Beute, die seiner hervorgehobenen Stellung würdig war, und die Jagd darauf durfte dem gemeinen Mann nicht zukommen und mußte ihm verboten sein.

Die Bejagung dieser ausgedehnten Jagdgebiete war einem Heer von Jagdbedienten übertragen, welche großenteils als »Reisjäger« herumzogen

»O lasset euch erbarmen, groß schat das Wild uns arme«. Holzschnitt von Hans Schäuflein, 1535

und samt ihrer zahlreichen Hundemeuten verpflegt werden mußten. Die zunächst freiwillig übernommene gastliche Aufnahme in Klöstern und bei Bauern wurde zu einer Pflicht der Jägerherberge, der Hundeaufstockung und Hundelege.

Der Bauer mußte aber nicht nur die Jägerei aufnehmen und verpflegen, Hunde, Falken und Rosse füttern und pflegen, Jagdfronen in Gestalt von Treiberdiensten, Wildbret- und Jagdfuhren, Wegebau- und Zaunarbeiten, Wildfang, Futter-Sammeln, Schneisenhauen leisten, Wolfsjagd-Dienstgelder, Hecken-, Wald- und Wildhufenhafer entrichten, das Jagdzeug instandhalten, die großen Überland-, Haupt- und eingestellten Jagen auf seinem Zinsland dulden, trotzdem aber »Zehenden, Schos und Zinß« zahlen, sondern er mußte auch nach harter Tagesarbeit während der Nacht das Wild von den herrschaftlichen Ackern abwehren, während er selbst nichts unternehmen durfte, um Sauen und Hirsche von seinen Feldern zu vertreiben, sonst wurde er »für einen aufrührigen Buben verdampt«.

Der Volksmund hat diese Problematik, die häufig zur Wilderei und letztlich zu den Bauernunruhen führte, in einem Sprichwort zusammengefaßt: »Jagen zur Lust und den armen Leuten zum Leid, das Wild schirmen und den Leuten schaden, daran hat der Teufel Freud«.

Im wildreichen Bayern mit seinen Gebirgslagen, die durch die fürstlichen und klösterlichen Wildhüter nur schwer zu überwachen waren, ist schon seit dem Mittelalter leidenschaftlich auf Steinwild und Gams gewildert worden. Um das Jahr 1500 herum waren die Steinböcke daher in den Hochregionen schon fast völlig verschwunden, und um das Jahr 1700 gab es in den österreichischen und bayerischen Alpen kein Steinwild mehr. Zog Kaiser Maximilian, der letzte Ritter, die Armbrust noch der Feuerbüchse vor, so wußten seine Bauern um so besser damit umzugehen, um die gehegten Steinböcke zu wildern.

Auch dem Gamswild wurde unerbittlich nachgestellt; einmal zum häuslichen Lebensunterhalt, dann aber auch – wie beim Steinwild – der sogenannten Bezoarsteine halber. Das waren

Gemskugeln oder Bezoarsteine aus Adam von Lebenwalds »Damographia«, 1694

aus Pflanzenfasern zusammengeklebte Magenkugeln, welchen der Volksaberglaube ungewöhnliche Heilkraft zuschrieb. Noch lange spielten nach dem Mittelalter diese pulverisierten und mit Ölen und Fett versetzten Bezoarsteine eine wichtige Rolle. In späterer Zeit waren es dann Gamsgrucken und die Rückenhaare für den Gamsbart, die den Wildschützen reizten. Da die Jagdinhaber selber durch Hirsch- und Sauhatzen, Reiherbeize und Vogelherd jagdlich stark in Anspruch genommen waren, verzichteten sie meist auf die mühselige und unbequeme Jagd auf Gams. So bleiben die Gamslagen nahezu unbeaufsichtigt und galten förmlich als Freiberge der einheimischen Bevölkerung. Besonders Falle und Schlinge waren beliebt, denn sie hatten gegenüber der anfangs noch sehr kostspieligen Handbüchse den Vorteil, sicher und unauffällig zu arbeiten. Schnellschlinge und Zugschlinge fanden Verwendung. An geeigneten Orten verband der Wilderer mit der Schlinge an einem Draht ein Stück heller frischer Baumrinde, das als Signal in die Höhe gezogen wurde, sobald das in der Schlinge gefangene Wild zusammenbrach. Von einem

Beobachtungsposten, meist an der gegenüberliegenden Bergseite, konnte so ohne Mühe und Gefahr die Schlinge überwacht werden (Hauber, »Wilddieberei in den Bergen«).

Primitive, aber ebenfalls sehr wirkungsvolle Fangmethoden waren in früher Zeit auch die Schlagfallen und Gamsgerichte. Die Schlagfallen waren über den Wechseln errichtet. Sie funktionierten wie eine Guillotine, nur war das Fallbeil durch einen schwerfen Felsblock ersetzt. Das durchwechselnde Tier löste über eine bodengespannte Schnur das Stellholz aus und wurde von dem schweren fallenden Stein erschlagen.

Das Gemsgericht dagegen bestand aus frischen, noch nassen und glatten Fichtenrindenstükken, die längs eines oder einer Stellwand befindlichen Gamswechsels mit der glatten Seite nach oben gelegt wurden. Die Wilderer drängten das Gamswild gegen diese Wechsel und zwangen es, in diese Rindenstücke einzuspringen. An den schräg gelegten glatten Rinden rutschten die Tiere und stürzten über die Stellwand zu Tode. Die Namen »Beim hohen Gericht« oder »Beim Gamsgericht«, die noch in den Bergen existieren, rühren von solchen Fangvorrichtungen her.

Die Obrigkeit reagierte auf die Wilddieberei mit Sondermandaten und drohte vor allem bei gewohnheitsmäßiger Wilderei oder bei Bedrohung des Jagdpersonals mit harten Strafen. So sollten nach dem bayerischen Mandat von 1663 Personen, die »vil und offt das Wildbret niedergeschossen, und Unsern Forstern, Übereittern, Ambtleuthen, oder andern auff Leib und Leben nachgangen, oder mit Ernst trohlich gewesen, ... ohne alles ferner Recht, auff offenen Straßen, da sie grassirt und Wildpret geschossen, auffgehenckt werden«.

Andere aber, die zwar die Hüter des Gesetzes bedroht, aber noch nicht als Wildschützen bekannt waren, kamen in den Genuß der Gnade, »... mit dem Schwerdt vom Leben zum Todt gerichtet (zu) werden«. Diejenigen Wildschützen, die zwar niemand bedroht hatten, aber als Wilddiebe überführt werden konnten »die sollen für das erstemahl mit abhawung der rechten Hand, dass andermal aber gleich wie Verueffte und Trohliche mit dem Strang gestrafft, und auf offener Strasse auffgehenckt werden«.

Vielfach hielt man auch die sogenannte Wildererkappe für ein wirkungsvolles Mittel, der Befölkerung das Wildern auszutreiben. Ein echtes oder eisernes Hirschgeweih, das dem Verurteilten mit einem starken Eisenring am Kopf »aufs härteste vernietet« wurde, sollte zur Abschreckung dienen und wurde Wilddieben in Süddeutschland noch 1728 angedroht.

Im Vergleich zu manch anderen Fürstentümern nehmen sich die Strafandrohungen in Bayern noch human aus. Kurfürst Moritz von Sachsen soll befohlen haben, einen Wilderer auf einen lebenden Hirsch zu schmieden, dem man danach die Freiheit wiedergab. Sein Nachfolger August, den die sächsischen Schulkinder jahrhundertelang nur als den gütigen »Vater August« kennenlernten, ließ zwei Wilderer an seine Landesgrenze bringen, wo sie schwören mußten, nie wieder zurückzukehren: Dann stach ihnen der Henker beide Augen aus.

Selbst geistliche Würdenträger schraken vor extremen Grausamkeiten gegen Wilddiebe nicht zurück. Im Jahre 1537 hatte ein Bauer im Salzburgischen einen Hirsch gewildert. Der Erzbischof befahl den Mann samt der Decke des getöteten Hirsches auf sein Schloß zu bringen. Hier ließ er ihn in die Hirschhaut einnähen und von seinen Hunden zerfleischen. Trotz dieser harten Strafen gelang es keinem Landesherren, das Wildschützenwesen auszurotten. Die Wilderer blieben unbelehrbar, obwohl man zeitweise mit Hunden und Soldaten hinter ihnen her war, ja es scheint sogar daß sie

Prälatisches Jagdvergnügen

Hier zeigt sich
in großer Statur
Der Bayrische Hiesl
nach der Natur.
Stockmann Cath. excudit Aug. V.

die Verfolgung nur noch kecker machte. Karl Stieler, der bayerische Mundartdichter, hat diese unausrottbare Jagdleidenschaft analysiert: »Es ist wohl der Frage wert, worauf denn der unvertilgbare Hang zum Wildern, der unserem Gebirgsvolk von alters innewohnt, beruht. Er hat zwei Wurzeln: eine edlere und eine gemeine. Es steckt ein aristokratischer Zug im Charakter des Bergebwohners. Derselbe Zug ist es, der ihn auch zum Wildschützen macht. Man fühlt sich noch einmal so stolz, wenn man die Waffe über der Schulter trägt, man ist kein Bauer mehr, man ist ein Freier«.
Gerade dieser unbändige Freiheitsdrang, die Schneid und vor allem die Rebellion gegen obrigkeitliches Recht sind es, die so viele Wilderer zu Volkhelden machten.
Am 6. September 1771 wurde in der Donaustadt Dillingen eine dieser Wilderer-Persönlichkeiten hingerichtet: Der Räuberhauptmann und wohl bekannteste Wildschütz aller Zeiten, Matthias Klostermayr aus Kissingen bei Augsburg, genannt der Bayerische Hiesel, der sogar im Volkslied besungen worden ist:

Der Hiasl, der führt ins
der Kurfürst verliert ins
machts koane Schnitz
frei es der Schitz

Und frei san die Hirschen
und frei ist das Pirschen
und frei ist da Schitz
machts koane Schnitz ...

Nachdem man am Hinrichtungstag um acht Uhr vor dem Rathaus zu Dillingen das Urteil verlesen hatte, wickelte man den Verurteilten in eine frische Kuhhaut und legte ihn auf eine Schleife. Nur der Kopf und die Hände, die ein Kruzifix hielten, blieben sichtbar. Vier Geistliche gingen nebenher, als man Klostermayr zum Schafott schleifte. Dort beichtete er zum letztenmal, trank ein Glas Wein und stieg gefaßt die Stufen hinauf. »Oben betrachtete er mit gesenkten Haupte lange die Zugrüstung zu seinem Tode, bis ihn die Henkersknechte auf das Kreuz warfen und daran festbanden. Nachdem man ihn erdrosselt hatte, wurden die Glieder mit dem Rad gebrochen und dann der Köper unter dem Schafott gevierteilt. Die Eingeweide begrub man unter dem Galgen, den Kopf steckte man auf denselben und ein Viertel ward an einem eigenen danebenstehenden Galgen aufgehenkt, während man die drei anderen Viertel des Unglücklichen in drei anderen Ortschaften in derselben Weise zum abschrekkenden Beispiel aufstellte ... Die Landsleute bezeugten bei der Hinrichtung lebhaftes Bedauern; die Jäger dagegen, welche sich zahlreich eingefunden hatten, lauten Jubel« So zu lesen im »Neuen Pitaval« von 1871.
Die Jäger nämlich waren jahrelang des Hiesel liebstes und edelstes Wild gewesen. Der Wildschütz, dessen Hand so fest und ruhig war, daß ein randvolles Glas Wasser auf seinem Stutzen stehen konnte, ohne daß beim Abfeuern ein Tropfen überlief, und dem »blinden« Wetterhahn auf der Kirchturmspitze durch einen wohlgezielten Schuß ein Auge machte, zog mit seiner Bande zwischen Bayern und Schwaben umher. Dabei kam ihm sehr zustatten, daß die Beamten der verschieden Landesherren bei seiner Verfolgung keineswegs einander in die Hände arbeiteten. Die Bauern jedoch litten überall gleichermaßen unter dem zu hohen Wildstand und den Jagdfronen und unterstützten den Wilderer, wo sie nur konnten. Einmal erschienen bei Klostermayr sogar zwei Bauern als Abgesandete ihres Dorfes und überbrachten ihm fünfzehn Taler, die von der Gemeinde gesammelt waren. Er sollte dafür in ihrer Feldmark das Wild wegschießen.
Immer wieder gelang es Hiesel, den Forstbeamten, die auf ihn Jagd machten, zu entwischen. Für das abergläubische Landvolk war das nur durch Zauberei zu erklären. Mit ehrfürchtiger Scheu betrachtete es Hiesels alten Hut, in dem angebelich ein Schutzgeist hauste, und die feindlichen Büchsenkugeln, die der Wildschütz ihnen zeigte, wollte er einfach mit der bloßen Hand aufgefangen haben.
Das Volk war zur damaligen Zeit für allerlei Spuck und Zauberei sehr ansprechbar, und finsterer Aberglaube hat viele Köpfe verdunkelt. In erster Linie muß hier die »Passauer Kunst« genannt werden, die aus den Anfängen des Dreißigjährigen Krieges stammt. Wer mit Zaubersprüchen beschriebenen Zettel des Schaffrichters Kaspar Neithard oder des Studenten Christian Elsenreiter von Passau verschluckte, glaubte hieb- und kugelfest zu sein. Gerne wurden solche Zettel, auf denen geheimnisvolle Zeichen und verstümmelte Wörter standen – häufig in hebräischer Schrift – auch auf dem Leib getragen. Zum gleiche Zweck wurde auch Moos, das auf der Hirnschale eines Erhängten wuchs, verwendet, und der Volksglaube schrieb diesem wenig anziehenden Präparat auch blutstillende Wirkung zu.
Im Wald, der unheimlich und finster ist, und auch in den Bergen, wo keiner hinkommt, geschehen seltsame Dinge, und das Volk ist schnell bereit, Gehörtes auszuschmücken und

in der Phantasie zu erweitern. Vor allem dem Wilderer, der in der Dunkelheit herumschleicht und dem hinter jedem Fels der Teufel begegnen kann, wird gerne etwas angedichtet. So sollen sich in manchen Gebirgsgegenden die Bauernburschen, die fremdem Wild nachstellten, eine aus der Wunde eines erschossenen Menschen gezogene Kugel umgehängt haben, um sich kugelfest zu machen.

Im Oberbayern und auch in anderen Gegenden hielten Jäger und Wildschützen ein Fingerglied eines noch nicht entbundenen oder im Mutterleib abgestorbenen, also unschuldigen, sündlosen Kindes für ein unfehlbares Amulett gegen den Kugelschuß. Auch das dreimalige Beten des Vaterunser, jedoch von hinten nach »Amen, Übel dem von uns erlöse usw.« – galt als Zugeständnis an den Teufel.

Eine eigentümliche Form des Aberglaubens hat sich bis in unser Jahrundert erhalten. Man bediente sich bei schweren Wunden hochheiliger Gegenstände, die man auflegte oder einheilen ließ. Man war der Meinung, die innewohnenden übernatürlichen Kräfte würden dadurch auf den Träger übergehen. Geweihte Hostien, wurden noch zu Anfang des 20. Jahrhunderts von Wildschützen, die sie beim Abendmahl heimlich ausspuckten, in Arm- und Handwunden eingelegt, die sie sich selbst beigebracht hatten, um sie einheilen zu lassen. Dadurch glaubt man übernatürliche Kraft und die Gabe der Unsichtbarkeit und Sicherheit vor den Kugeln der Jäger zu gewinnen. Das Volk sah in den Narben Kultzeichen des Teufels und war überzeugt, daß solche Personen schwer sterben könnten.

Dr. Höfer, ein Forscher auf dem Gebiet der Volksmedizin, teilt hierzu in seinem Werk »Volksmedizin und Aberglaube in Oberbayerns Vergangenheit und Gegenwart« zwei Originalbelege mit. Nach der einen Mitteilung aus Wackersburg hat sich der Förster von Gmund am St. Martinstag unter die Haut der hohlen Hand eine Hostie einwachsen lassen. Die Wildschützen haben ihn nimmer getroffen. Er hätte aber auch nicht mehr sterben können, wenn nicht der Geistliche ihm die Hostie herausgeschnitten hätte.

Nach einer Mitteilung aus Bairawies an der Isar bei Tölz soll ein Jäger, der auf einen mit einem solchen Talisman versehenen Wildschützen schießt, nur eine Kronawitt-Staude (Wacholder) treffen.

Natürlich halfen alle diese Wundermittel nicht, und über Jahrhunderte gab es Leid und Tränen auf beiden Seiten. Hatten sich der Bayersiche Hiesel und seine Freunde nach langem Feuergefecht am 14. Januar 1771 im Wirtshaus zu Osterzell einer Übermacht ergeben müssen, so fanden viele nach ihm den Tod im Kampf mit den Hütern des Gesetzes. In den zwölf Jahren von 1822 – 1833 wurden im ganzen Königreich 31 Wilddiebe und sechs Förster getötet, sowie 25 Wildschützen und sechs Förster verwundet. In den Jahren 1834 und 1835 waren es alleine im Isarkreis dreizehn Wilderer und vier Förster (Schwenk, »Homovenator«). Das Volk sah in den Wildschützen die Könige der Wälder, die Beschützer der Bauern, die Rebellen gegen die Obrigkeit. Viel der verwegenen Wildschützen wurden zum Symbol bayrischen-bodenständigen, freiheitlichen Volkstums und zu Helden der Volkslieder und Theaterstücke.

Feyrt, Schwaben, feyrt ein Freudenfest
Und dankt dem lieben Gott!
Der Hiasl, diese Wälder-Pest
ist endlich einmal tot.

da werd sich Wild vermehren
und springa kreuzwohlauf,
und d'Bauern, de wern ruefa –
geh Hiasl, steh do' auf!

Die Entwicklung der modernen Jagd und ihre Organisation

»Angesichts des aus mancherlei Ursachen in Deutschland immer mehr abnehmenden Wildstandes, der in größerer Ausdehnung auch wohl auftretenden Wilddieberei und der mangelhaf-

ten Ausführung bestehender Schongesetze, sowie der durch Jagdschutzvereine in benachbarten Ländern erzielten Erfolge, haben wir uns veranlaßt gesehen, einen allgemeinen deutschen Jagdschutzverein anzuregen, zu befürworten und in's Leben zu rufen«.
Dieser Aufruf erging 1875 an alle Freunde des edlen Weidwerks und hatte zur Folge, daß in Dresden der ADJV (Allgemeine Deutsche Jagdschutz-Verein) gegründet wurde. Prof. Dr. Franz von Kobell war einer der Initiatoren dieses Vereins, blieb aber das einzige bayerische Mitglied in der Frühzeit des ADJV. In Bayern bildete sich 1877 zu Nürnberg ein bayerischer Jagdschutz-Hauptverein, um den sich dann eine Anzahl von Zweigvereinen gruppierte. Die bedeutenderen Vereine blieben aber selbständig, insbesondere der Münchner Jagdschutzverein mit seinen damals 350 Mitgliedern, dazu die Augsburger, Ingolstädter, Weilheimer und

Hegezeit.

A. Für Haarwild:

für Hirsche vom 15. Oktober bis 22. Juni;
für Alt- und Schmalthiere vom 6. Jan. bis 15. Sept.;
für Rehböcke vom 2. Februar bis 1. Juni;
für Dachse vom 1. Januar bis 15. September;
für Waldhasen vom 2. Februar bis 15. September.

B. Für Federwild:

für Fasanen vom 1. März bis 1. September;
für Auer- und Birkhähne vom 2. Febr. bis 1. August, mit Ausnahme jedoch der Balzzeit;
für Wildenten vom 1. März bis 30. Juni;
für Waldschnepfen und Becassinen vom 15. April bis 1. Juli;
für das auf den Mösern brütende Federwild, dann für Wildtauben, Ziemer, Drosseln vom 1. April bis 1. Juni.

Die Feldjagd auf Hasen, Feldhühner, Wachteln und Lerchen ist vom 2. Februar bis zum Zeitpunkt ihrer Eröffnung durch die Kreisregierungen geschlossen.
Das Schießen und Fangen von Rehgeisen, Wildkälbern und Rehkitzen, sowie der Auer- und Birkhennen ist zu **keiner** Zeit gestattet.
Rehkitzböcke dürfen vom 1. Januar an zu den jagdbaren Böcken gerechnet werden.
Das Schießen oder Fangen der Feldhühner bei tiefem Schnee ist unbedingt verboten.
Das Erlegen junger Hasen zum Hausbedarf während der Hegezeit kann von der Distriktspolizeibehörde bei einem geschlossenen Jagdbezirk von wenigstens 3000 Tagwerken erlaubt werden.

(Verordnung vom 5. Oktober 1863, Regierungsbl. S. 1657 u. ff.)

Allgäuer Verbände. Erst am 6. Mai 1917 – sicher bestärkt durch den Krieg und die dadurch hervorgerufenen Verhältnisse – gelang im Mai 1917 der Zusammenschluß aller Vereine und die Gründung des »Landesverbandes Bayerischer Jagdschutzvereine« in Nürnberg.
Im Jahre 1920 folgte die Gründung der »Deutschen Jagdkammer«, um den Niedergang des Weidwerks nach dem Weltkrieg aufzuhalten und die Interessen der Jägerschaft durch Schaffung einer einheitlichen Zentralstelle der jagdlichen Verbände bei den Parlamenten besser vertreten zu können. Das Ziel war, der organisatorische Zusammenschluß aller bestehenden Jagd-, Jäger- und Kynologenverbände, einschließlich des Wildhandels, der Waffen- und Munitionsindustrie, der Büchsenmacher sowie der Waldbesitzer und Forstbeamtenverbände. Aus der Fusion von »ADJV« mit der »Deutschen Jagdkammer« entstand dann 1928 der »Reichsjagdbund«. Durch den Beitritt des »Landesverbandes der bayerischen Jagdschutz- und Jägervereine e. V.« kam endlich eine Zusammenfassung aller deutschen Jäger »in einer geschlossenen Front« zustande.

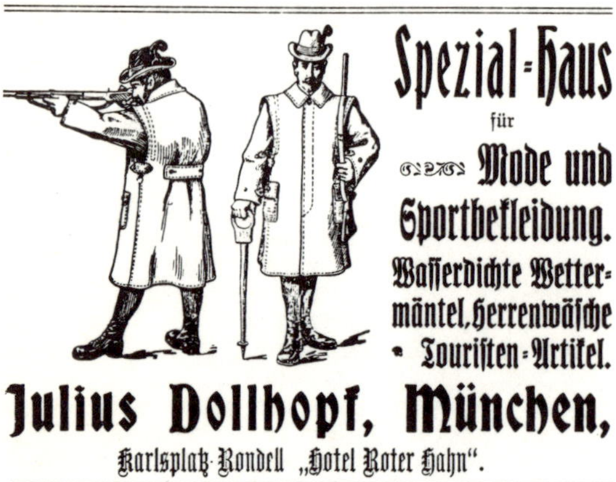

Anzeige und Emblem des »BJV« aus der bayerischen Jagdzeitung »Der Deutsche Jäger« von 1911

In seinem Buch »Waidwerk zwischen den Zeiten« umriß Geschäftsführer Ulrich Scherping – er war später Ministerialdirigent im Reichsforst- und Reichsjagdamt – die damaligen Forderungen nach einer einheitlichen Gesetzgebung, einem Reichsjagdschein, nach dem Organisationszwang für alle Jagdscheininhaber, nach eigenen Jagdbehörden, eigener Ehrengerichtsbarkeit und einer Abschußplanung. Alle diese Punkte waren dann im »Reichsjagdgesetz« vom 3. Juli 1934 verankert, und so war über Nacht eine Gesamtorganisation mit Mitgliederzwang bereits durch das Lösen der Jagdkarte entstanden. Zum ersten Mal war dem Jäger vorgeschrieben, das Wild nicht nur zu jagen, sondern auch zu hegen! Es war verboten, durch übermäßigen Abschuß den Wildstand zu gefährden, oder eine Wildart auszurotten. Für jedes Revier mußte außerdem jährlich ein Abschußplan für das Schalenwild erstellt werden, und erstmals werden Begriffe wie Wilddichte, Geschlechterverhältnis, Abschuß-Soll und Abschuß-Ist gesetzlich eingeführt.
Die deutschen Länder waren nunmehr in »Jagdgaue« eingeteilt. In Bayern bildete jeder Regierungsbezirk einen Jagdgau, an dessen Spitze ein Gaujägermeister stand. Dieser wiederum ernannte die Kreisjägermeister seines Gaues, die ihm in der Dienstaufsicht unterstanden. Die Gaujägermeister unterstanden unmittelbar dem Reichsjägermeister Hermann Göring.
Als im Sommer 1934 die Einführung des Reichsjagdgesetzes in Bayern bevorstand, erwarteten die etwa 27 500 bayerischen Jäger mit

Originalzeichnung zum fünfzigjährigen Bestehen der bayerischen Jagdzeitung »Der Deutsche Jäger« 1928

Spannung, wem die jagdliche Führung in Bayern übertragen werden würde. Hermann Göring ernannte am 28. August 1934 den »Reichsstatthalter« General Ritter von Epp zum Landesjägermeister für das Land Bayern. Franz von Epp war kein Unbekannter, denn viele von der grünen Gilde hatten unter ihm im bayerischen Infanterie-Leibregiment gedient, oder im 1. Weltkrieg in Deutsch-Südwest-Afrika gekämpft. So war die Persönlichkeit des Landesjägermeisters dank ihrer militärischen Autorität durchaus geeignet, den Übergang vom alten bayerischen Jagdrecht auf das Reichsrecht zu erleichtern. Mit Beginn des Jagdjahres 1935 standen dann auch die bayerischen Jagdbehörden mit acht Gau- und 162 Kreisjägermeistern arbeitsfähig zur Verfügung.

In dieser Zeit der totalen Gleichschaltung, in der alle Lebensbereiche von den Organisationen des totalitären Regimes erfaßt wurden, fällt auch die Gründung des Deutschen Jagdmuseums, das heute als Deutsches Jagd- und Fischereimuseum weit über Bayerns Grenzen hinaus bei Jägern, Fischern und Naturfreunden bekannt ist. Das Museum, heute in der ehemaligen Augustinerkirche mitten in der Fußgängerzone Münchens untergebracht, wurde im Jahre 1938 im Nordflügel des Nymphenburger Schlosses – der alten Orangerie – eröffnet.

Bereits um die Jahrhundertwende war in Jagd- und Forstkreisen die Idee entstanden, eine derartige Sammlung aufzubauen, doch erst in der nationalsozialistischen Periode, in der auch in Bayern die markigen Worte des Reichsjägermeisters »so lang noch starke Hirsche schrei'n, wird das Deutsche Reich gedeih'n« zu hören waren, kam sie zur Ausführung. Der Grundstock für diese Sammlung wurde durch den Ankauf der schon damals weltbekannten Geweihsammlung des Grafen Arco gelegt. Sie konnte im Jahre 1933 erworben werden, als die Gefahr bestand, daß sie nach Holland verkauft werden würde. In den folgenden Jahren wurde dann der berühmt-berüchtigte Christian Weber, ehemals Stallknecht in der Gastwirtschaft »Blauer Bock« in München und Duzfreund

Hitlers für die Sammlung aktiv. Dieser, im Dritten Reich als »Alter Kämpfer« zu Amt und Würden gekommen, ließ geeignete Ausstellungsstücke ankaufen, mußte sie aber vor seinem Intimfeind Hermann Göring verstecken, der die feste Absicht hatte, ein Jagdmuseum in seinem Privatbesitz Karinhall in der Schorfheide zu etablieren. Als das Museum im Nymphenburger Schloß 1938 schließlich unter lebhafter Beteiligung der braunen Prominenz aus der Taufe gehoben wurde, fehlte denn auch der »Reichsjägermeister« und »Reichsmarschall« Hermann Göring.

Christian Weber, der nicht nur Präsident des Deutschen Jagdmuseums, des Rennvereins Riem und Ehrenpräsident der »Fachschaft bayerischer Gebirgsschweißhunde« war, beging den 16. Oktober 1938 wie seinen persönlichen Ehrentag. In der Münchner Ausgabe vom Montag, 17. Oktober 1938 schrieb der »Völkische Beobachter« unter der Schlagzeile »Das Deutsche Jagdmuseum feierlich eröffnet«: »Der 16. Oktober 1938 wird in der Geschichte Münchens für alle Zeiten als ein bedeutungsvoller und erlebnisreicher Tag verzeichnet stehen. Schon das große Wecken am frühen Morgen durch sudetendeutsche, ostmärkische und bayerische Trachtenkapellen gab davon Kunde, daß sich deutsche Volksgenossen selbst aus den jüngsten Gauen des Großdeutschen Reiches zu einem Volksfest in der Hauptstadt der Bewegung eingefunden, das sich anläßlich der feierlichen Eröffnung des Deutschen Jagdmuseums durch Ministerpräsident Ludwig Siebert und des prächtigen Festzuges 1000 Jahre Jagd und 1000 Jahre Tracht zu einem großdeutschen Erlebnis gestaltete, das allen unvergeßlich bleiben wird«. Sieben Jahre später war der großdeutsche Traum ausgeträumt. Der leichtfertig vom Zaun gebrochene Zweite Weltkrieg hatte die braunen Machthaber hinweggefegt, Deutschlands Städte in Schutt und Asche gelegt und auf sämtlichen Gebieten ein Chaos hinterlassen. Zum Glück hatte man sämtliche Exponate des Jagdmuseums, die nur kurze Zeit in Nymphenburg ausgestellt gewesen waren, bei Kriegsausbruch in das niederbayerische Schloß Ast bei Landshut ausgelagert. Bis auf wenige Ausnahmen haben sie dort Kriegs- und Nachkriegswirren gut überstanden.

Die Ausstellungsräume freilich waren durch Bomben zerstört, und es dauerte dann bis zum Jahre 1958, bis der Bayerische Staat mit dem damaligen Münchner Oberbürgermeister Thomas Wimmer einen Vertrag schloß, demzufolge das Deutsche Jagdmuseum in der neu herzurichtenden ehemaligen Augustinerkirche seine Bleibe finden sollte. Es vergingen noch einige Jahre, ehe die Räume ausgebaut waren und die Sammlung 1966 wieder der Öffentlichkeit zugänglich gemacht werden konnte.

Das Ende des zweiten Weltkrieges im Mai 1945 brachte mit dem Zusammenbruch des Deutschen Reiches die weitgehende Auflösung der Verwaltungsstrukturen – Forst- und Jagdhoheit der staatlichen Behörden wurden durch die amerikanische Militärregierung außer Kraft gesetzt. Natürlich mußten auch alle Jagdwaffen abgeliefert werden. Die allgemeine Notzeit blieb aber – wie auch schon im und nach dem ersten Weltkrieg – nicht ohne Auswirkungen auf das Wild und die Jagd. Der Jagdschutz war aufgehoben, die Wilddieberei, mit allen Mitteln rücksichtslos ausgeübt, griff um sich, und vorerst war die legale Jagd nur den Besatzungsmächten als »Recht des Siegers« vorbehalten. Mit den besseren wirtschaftlichen Verhältnissen normalisierten sich nach und nach auch die jagdlichen. Die staatlichen Behörden ordneten und beaufsichtigten wieder das Jagdwesen. 1952 trat das Bundesjagdgesetz in Kraft, in dem die neueren Grundsätze des Jagdrechts und der Wildhege als Kompromiß zwischen den Interessen der Jäger und des Wildes einerseits und der

Hermann Göring besichtigt in seiner Eigenschaft als Reichsjägermeister das Deutsche Jagdmuseum im Nymphenburger Schloß am 9. 11. 1938. Christian Weber führt ihn durch die Sammlung.

Hirschbrunft 1934 in Wallgau. Christian Weber mit einem »Zehner«.

Die ehemalige Augustinerkirche in München. Postkarte um 1900.

Links: Titelblatt der Einladung zum Festball des Deutschen Jagdmuseums am 19. Februar 1938 im Deutschen Theater. Den illustren Gästen wurde ein aufwendig gestaltetes Programm geboten, unter anderem ein jagdhistorischer Festzug und ein Auftritt der berühmten Kammersängerin Erna Berger.

Der Landesjägermeister von Bayern, General Ritter von Epp, im Gespräch mit dem ehemaligen Direktor des Deutschen Jagdmuseums Dr. Karl Sälzle.

Land- und Forstwirtschaft andererseits berücksichtigt sind.
Es wird in einer durch Industrie, Verkehr und viele negative Umwelteinflüsse gefährdeten Natur für den Jäger aber immer schwerer, diese Interessen zu vertreten. Ganz sicher schießt der Jäger heutzutage das Wild nicht »grad wie es ihm gefällt«. Diese Zeiten sind vorbei; denn die Jagd steht heute auch im traditionellen Jagdland Bayern im Brennpunkt des öffentlichen Interesses, und die Jägerschaft muß sich kritischen Fragen von den verschiedensten Seiten stellen. Der moderne Mensch ist mit der Natur nicht mehr so vertraut wie ehedem. Er sieht die Natur, nachdem er sie bislang vornehmlich genutzt und ausgebeutet hat, eher als Reservat, das es vor jedem Eingriff zu schützen gilt. Es ist daher verhältnismäßig leicht, weite Kreise der Bevölkerung davon zu überzeugen, daß der Jäger der Hauptverantwortliche für den Rückgang so mancher freilebenden Tierart sei. Die für die Zerstörung unserer natürlichen Umwelt und die damit verbundene Verarmung ihrer Tierwelt in erster Linie verantwortlichen zivilisatorischen und industriellen Einflüsse sind dagegen nicht so leicht zu verstehen.
Unbestritten sind jedoch die großen Leistungen, die bisher die Jäger und ihre Organisationen – seit seiner Gründung 1949, ist es in Bayern der BJV (Landesjagdverband Bayern e. V.) – für die Erhaltung der Lebensgrundlagen für die freilebende Tierwelt erbracht haben. In diesem Bereich liegt wohl der wichtigste Ansatzpunkt, das noch bestehende Spannungsfeld zwischen Jagd und Naturschutzbestrebungen aller Art zu überwinden. In seiner Regierungserklärung vor dem Bayerischen Landtag hat der Bayerische Ministerpräsident Franz Josef Strauß

am 18. November 1982 erklärt: »Landwirtschaft und Gartenbau, Forstwirtschaft, Jagd und Fischerei bewirtschaften neunzig Prozent der Fläche Bayerns. Ihnen wurde deshalb der gesetzliche Auftrag erteilt, unseren Lebens- und Kulturraum zu erhalten und zu pflegen. Bayern hat sich dabei stets von dem Grundsatz leiten lassen, daß Naturschutz und Umweltschutz nur mit diesen Gruppen, nicht gegen sie geleistet werden können«. Und bei seiner Ansprache anläßlich der Jahreshauptversammlung des Landesjagdverbandes Bayern am 5. Mai 1984 ergänzte der Jäger Franz Josef Strauß: »Das heißt aber auch und das gilt auch gerade angesichts der anstehenden Verfassungsänderung, durch die der Natur- und Umweltschutz in Bayern Verfassungsrang erhält, daß Gesetzgebung und Verwaltung die Verantwortung dieser Gruppe für die Natur und Umweltschutz zu respektieren haben«.

Vor dem Hintergrund der Verschlechterung der Lebensbedingungen der freilebenden Tierwelt, der sich ständig ausbreitenden Technisierung und Zivilisation, des Erholungsdrucks auf die Landschaft mit ihren Störungen, dem immer dichter werdenden Wegenetz, den Waldschäden, den harten Wettbewerbsbedingungen der Landwirtschaft im EG-Bereich, der seit Jahren andauernden Jagdfeindlichkeit bestimmter Bevölkerungskreise, der Beschneidung der Eigenständigkeit des Jagdwesens und, nicht zuletzt, vor dem Hintergrund der zunehmenden Beschränkung der Befugnisse des Jägers, stellt sich doch auch in Bayern die Frage, ob die Gesamtprognose für Jagd und Wild noch Optimismus rechtfertigt. »Grün ist die Farbe der Hoffnung«, schrieb der Schriftleiter einer bekannten Jagdzeitschrift 1984 und zog damit in Kurzform eine Parallele zum Beitrag eines bekannten Jagd- und Fischereiautors in der bayerischen Jagdzeitung »Der Deutsche Jäger« vom 38. Jahrgang 1916, der hier zum Abschluß zitiert werden soll, auch wenn seine politische Aussage – Gott sei Dank – einer unseligen und hoffentlich nie wiederkehrenden Vergangenheit angehört.

Bayerns Grünen!

So wie das deutsche Volk von allen Seiten
Umbrandet wird von seiner Feinde Heer.
Die droh'n den Untergang ihm zu bereiten
So werden Jagd und Jäger mehr und mehr

Umringt von Mächten, die dawider streiten ...
Drum auf, ihr Brüder, alle auf zur Wehr!
Lernt doch auch Ihr aus diesen harten Zeiten
Und schirmt vereint des Weidwerks Gut und Ehr!

Arthur Schubart (München)

Literaturverzeichnis

Archäologie in Bayern, Hsg.: Prähistorische Staatssammlung München, Pfaffenhofen 1982

Karl **Baltz**, Jagd und Jagdhunde in den Volksrechten, aus: Der deutsche Jäger 1932

Behr, Jagd, Wildfrefel und Wilderei, aus: Deutscher Jäger Nr. 26/1919

Fritz **Bley**, 50 Jahre Deutsche Jagd. Erinnerungsschrift des allgemeinen deutschen Jagdschutzvereins, Berlin 1925.

Joachim **Boessneck**, Studien an vor- und frühgeschichtlichen Tierresten Bayerns

Gerhard **Bosinski**/Dietrich Evers, Jagd im Eiszeitalter, Köln 1979

Hermann **Dannheimer**, Prähistorische Staatssammlung München, München-Zürich 1976

Horst **Detert**, 100 Jahre Nürnberger Jagdschutz und Jägerverband e. V., Weiden 1977

M. W. **Döbel**, Jäger-Praktika, Leipzig 1746

Bernd. E. **Ergert**, Jagd und Wild, Gestern heute und morgen, München 1981

Bernd E. **Ergert**/J. Seyfert/E. Steckbauer, Die Jagd vom Faustkeil bis zum Präzisionsgewehr, Ausstellungskatalog des Waldmuseums Zwiesel, 1978

Fritz **Ernst**, Geschichte der Jagd, aus: Bayerland Nr. 11/1978

Geheimes Hausarchiv, Korr. 765 Va. 2. 7. 1735 Karl Albrecht an Ferdinand Maria

Jakob **Grimm**, Deutsche Mythologie, Berlin 1876

Georg **Hauber**, Wilddieberei in den Bergen, aus: Deutscher Jäger 1930

Georg **Hauber**, Jagd und Wild in Bayern, Sonderheft Bayerland 1932

Georg **Hauber**, Das Weidmannsleben des Grafen Maximilian von Arco-Zinneberg, aus: Deutscher Jäger 1934

M. **Haupt**, Enec et Enide, aus: Zeitschrift für Deutsches Altertum, Berlin 1856

Norbert **Heger**, Salzburg in römischer Zeit, aus: Salzburger Museum, Carolino Augusteum, Jahresschrift 19, 1973

Günter **Heinemann**, Jagdrecht für treue Dienste, aus: Pirsch Nr. 19/1982

Günter **Heinemann**, Pfalzgraf Johann Casimir, Bavaria antiqua 7, München 1975

Günter und Hilde **Heuberger**, Die Diensthütte im Forstenrieder Park, München 1963

Hans Jürgen **Hundt**, Ein spätbronzezeitliches Adelsgrab von Behringersdorf, aus: Jahresberichte der Bayerischen Denkmalpflege 15 – 16, 1974/75

Franz v. **Kobell**, Wildanger, München 1858

W. v. **Koenigswald**/J. Hahn, Jagdtiere und Jäger der Eiszeit, Stuttgart 1981

Kurt **Lindner**, Deutsche Jagd, Berlin-Leipzig 1937

Kurt **Lindner**, Die Jagd im frühen Mittelalter, Berlin 1940

Kurt **Lindner**, Beiträge um Vogelfang und Falknerei im Altertum, Berlin-New York 1973

Werner **Loibl**, Wittelsbacher Jagdschlösser um München, Sonderheft Bayerland 1980

Werner **Loibl**, Die Jagdbauten Karl Albrechts im ehemaligen Hirschpark, aus: Wittelsbacher Jagd, Katalog Deutsches Jagdmuseum 1980

Maximilian I, Der weiß Kunig, Wien 1775

Millerwieser, Der Hirschgarten bei Nymphenburg, aus: Deutscher Jäger Nr. 42/1941

Morus, Geschichte der Tiere, Hamburg 1957

W. A. **Müller**, Wo kommt das Jagdrecht her, aus: Pirsch Nr. 21/1981

Hermann **Müller-Karpe**, Handbuch der Vorgeschichte, München 1968

Walter **Norden**, Jagdbrevier, Wien 1972

Ludwig **Pauli**, Eine frühkeltische Prunktrense an der Donau, Sonderdruck aus Germania 61/1983

Dudley **Pope**, Feuerwaffen, Wiesbaden 1971

Ludwig **Reisch**, Die Höhlenruine von Hunas bei Hartmannshof

Sigmund **Riezler**, Nachtselden und Jägergeld in Bayern, München 1905
Karl **Roth**, Geschichte des Jagd- und Forstwesens in Deutschland, Berlin 1879
Karl **Sälzle**, Deutsches Jagdmuseum München, München 1977
J. **Schäfer**/A. von den Driesch, Tierknochenfunde aus fünf frühmittelalterlichen Siedlungen, aus: Documenta Natura Nr. 15/1983
Adam **Schappach**, Handbuch der Forst- und Jagdgeschichte, Berlin 1888
Giesela **Schnitzel**, Sagen vom Starnberger See, München 1970
Sigrid **Schwenk**, Homo Venator, Bayerische Jagdstatistiken von 1827 bis 1836, Bonn 1982
O. **Seel**, Physiologus Bestiarius (Übersetzung), Zürich-Stuttgart 1970
Lorenz **Seelig**, Kostbarkeiten von fürstlichem Rang, aus: Weltkunst 1960
Karl **Spengler**, Es geschah in München, München 1962
Dietrich **Stahl**, Wild – lebendige Umwelt
J. **Täntzer**, Der Dianen Hohe und Nieder Jagt-Geheimnüß, Kopenhagen 1686
Karl **Trautmann**, Kulturbilder aus Altmünchen, München 1915
Karl Ludwig **Walz**, Der Jäger Ludwig Thoma, aus: »Jäger« Nr. 1/1934
Ulrich **Wendt**, Kultur und Jagd, Berlin 1907
H.E. Valentin/E. Valentin/E. Noelle/H.H. Stierhof, Die Wittelsbacher und ihre Künstler in acht Jahrhunderten, München 1980
Herbert **Wotte**, Jagd im Zwielicht, Berlin 1983
Otto **Wutzel**, 1200 Jahre Kremsmünster, Linz 1977

Register

Rosenheimer Raritäten für den Jagdfreund

Ludwig Ganghofer mit Jagdgehilfen

Ludwig Ganghofers Jagdbuch

Von Wald und Wild, Jägern und Wilderern. Hrsg. Andreas Aberle und Jörg Wedekind. 248 Seiten, 200 s/w-Abb., 16 farbige Bilder.

»Ein Buch, das ungezählte Leser begeistern wird.« *(Schweizer Jäger)*

»... seine schönsten Jagdgeschichten voller selbst erlebter Schnurren und Abenteuer.« *(Der deutsche Forstmann)*

Ludwig Ganghofer

Die Jäger

Erzählungen. 248 Seiten mit 39 Zeichnungen.

»Urköstlich. Ganghofer hat selbst jahrzehntelang gewaidwerkt. Dabei sind ihm Berufsjäger begegnet, die er nie wieder vergessen hat.« *(Bayer. Rundfunk)*

Ludwig Ganghofer

Hubertusland

Jagdgeschichten. 192 Seiten, reich illustriert.

»Ganghofer kennt ›seine‹ Berge und Tiere durch und durch, er liebt sie und enthüllt in seinen Jagderzählungen den ganzen Zauber des Hochlandes und seiner Tierwelt.« *(Jagd und Jäger in Rheinland-Pfalz)*

Blattschüsse

Die Jagd in der Karikatur. Mit einem Vorwort von Horst Popp, Deutsches Jagdmuseum. 115 Cartoons von 14 namhaften Karikaturisten.

»Die stil- und zielsichere Behandlung jagdlicher Themen und Probleme mit spitzer Feder zieht den Leser – pardon, den Betrachter – ganz in ihren Bann, so daß er einmal schmunzeln, dann wieder hellauf lachen muß.« *(Allgemeine Forstzeitung, Wien)*

 ISBN 3-475-52451-1

Dieses Buch erscheint in der Reihe »Rosenheimer Raritäten« im Rosenheimer Verlagshaus Alfred Förg GmbH & Co KG, Rosenheim.
Es wurde gesetzt in der Setzerei Grimm, Grafing, gedruckt und gebunden bei Ludwig Auer, Donauwörth.
Den Schutzumschlag gestaltete Ulrich Eichberger unter Verwendung eines Fotos aus dem Deutschen Jagd- und Fischereimuseum, München. Es zeigt ein Ölgemälde eines unbekannten Meisters »Parforcejagd (Curée) unter Max III. Joseph von Bayern«.
Soweit nichts anderes angegeben, wurden die Bilder und Zeichnungen vom Deutschen Jagd- und Fischereimuseum München zur Verfügung gestellt.